오늘도, 라곰 라이프

THE LAGOM LIFE
by Elisabeth Carlsson

Text © Elisabeth Carlsson 2017
Additional text and makes © Fiona Bird(pp.120–121), Willow Crossley(pp.143–144, 162–165, 218–221), and Emma Hardy(p.44)
Illustration © Clare Youngs 2016
Design © CICO Books 2017
For photography credits, see page 237.

오늘도,　라곰 라이프

소박하게 심플하게 만족스럽게 스웨덴식 라이프스타일

the lagom life

엘리지베스 칼손 지음 | 문신원 옮김

상상도 못 할 만큼,
내게 크나큰 영감과 격려를 주신 부모님께

CONTENTS

여는 글

스웨덴에서 자랄 때만 해도 라곰에 대해 깊이 생각해본 적이 없었다.
다른 사람들을 배려하면서 살아가며 단순하고 실용적으로 행동한다는
것에 대해서도 마찬가지였다.
라곰이라는 말은 일상생활에 자연스럽게 녹아 있었다.

본질적으로 라곰은 균형의 문제다.
라곰은 엄마가 저녁을 차리시던 방식이었고,
호수의 온도를 설명하던 방식이기도 했다.
엄마는 라곰 온도로 적당히 따뜻하다고 말씀하셨다(그때를 돌이켜보면,
내가 볼 땐 대개는 차가웠지만).
또한 라곰은 사회 규범을 지키면서 살아간다는 의미이기도 했다.
물론 십 대가 느끼기에 사회 규범은 너무 엄격했다.
이제야 라곰과 나의 관계가 복잡했다는 생각이 든다.
대부분의 스웨덴 사람들도 그렇게 생각한 것 같다.
어쩌면 우리가 생각하는 것보다 훨씬 더 복잡한지도 모른다.

나는 열아홉 살에 '라곰 라이프'에 반항하면서 마드리드로 갔다.
마드리드의 삶은 완전히 달랐다.
도시는 소란스러웠고, 사람들은 개방적이고 자기주장이 강했다.

자신들이 느끼는 감정을 감추려고 하지도 않았다.

나는 그런 문화 충격이 마음에 들었다.

하지만 스페인에서나 다른 어디에서나 라곰은 늘 나와 함께했다.

재외 스웨덴인들 사이에는 라곰스러운 행동이 어떤 것인지 말하지 않아도 느껴지는 특정한 친밀감이 존재했다.

어쩌면 우리 모두 라곰으로부터 달아나려고 외국에 왔는지 모르지만, 멀리 있어도 라곰은 이미 우리 몸에 배어 있어서 익숙하고 친근했다.

우리는 라곰을 갖고 싶었지만 어디까지나 우리식의 라곰을 갖고 싶었다.

가령, 과시하거나 너무 이목 끌지 않기, 일이 잘 풀릴 때는 서로 기뻐해주고 축하해주기, 남들과 달라도 괜찮다는 사실을 잊지 않기처럼, 실제로 우리는 서로 연결된 전체의 일부분이니까 말이다.

나이를 먹으면서 라곰이 건강하고 균형 잡힌 삶의 여정에 없어서는 안 될 부분임을 깨닫는다.

나의 정체성, 관점, 믿음, 결정의 대부분이 이런 느낌에 이끌린다.

이제야 내가 왜 그랬는지, 고향에서는 라곰을 밀어내다가 해외에서
다시 이끌린 이유를 알 것 같다.
어쩌면 어린 시절의 라곰은 나와 맞지 않았나 보다.
어른이 되어서 삶의 균형을 찾고 난 후에는 나만의 라곰 감각을
발견했고, 그렇게 라곰의 진가를 인정하고 내 삶에 적용시킬 수 있게
되었다.
라곰스럽게 산다는 건 안전한 삶을 산다는 의미는 아니다.
삶에는 여전히 위험이 따를 수 있다.
다만 그 위험이 라곰 위험이라는 것뿐!

나의 삶의 원칙이 된 라곰에는 무엇이든 받아들일 줄 아는 마음의
여유, 웃음, 사랑이 모두 있다.
차이를 인정하고 가능성을 보고 포용하거나 용기를 북돋우려
애쓰면서 삶의 모든 부분에 라곰을 적용할 수 있다.

Lagom - what does it mean?

CHAPTER 1

라곰,
무슨 뜻일까?

만족스러움, 충분히 가짐
그리고 부족함을 느끼지 않는 상태를
떠올리게 하는 말이다.

스웨덴 사람들의 삶의 방식

라곰은 철저히 스칸디나비아식 개념이다. 하지만 이제는 스웨덴 사람들이 놀랄 정도로 스웨덴 밖에서도 유행이다. 이 말은 세상 사람들이 관심을 가지는 한에서 "너무 많지도, 너무 적지도 않게, 딱 적당한 만큼만"이라는 뜻이다. 그러나 '불충분'하다든가 검소하게 살라는 의미는 아니다. 혹시 스웨덴어를 배우고 싶거나 스웨덴 문화를 이해하고 싶다면 라곰부터 관심을 갖는 게 좋다.

우선 어떻게 발음하는지 알아보자. '머펫 쇼The Muppet Show'에서 스웨덴 셰프가 하는 발음은 부디 따라하지 마시길! '라굼' 또는 '러굼'이라고 발음하면 어지간한 스웨덴 사람들은 다 알아듣는다. 이 말의 기원은 8세기와 11세기 사이로 거슬러 올라간다. 때는 우리 모두가 쇠뿔이 달린 우스꽝스러운 단단한 모자를 쓰고 바이킹이라 자칭하던 시절이었다. 뿔로 만든 공용 술잔에 봉밀주mjöd(허니와인이라고도 하는 벌꿀주)를 가득 채워 건네면 한 명씩 받아들고 '라게트 옴laget om(구성원 모두를 위해)', 그러니까 다른 사람들도 골고루 마실 수 있도록 한 모금씩만 마셨다. 그렇게 해서 라곰이라는 말이 탄생되었다. 어떤 사람들은 그 말이 '법에 따라서'라는 의미의 스웨덴어 '로그lag'에서 파생되었다고도 하지만, 난 솔직히 바이킹 이야기가 더 좋다.

단지 유용한 말일까, 다른 뭔가가 있는 걸까?

스웨덴어 라곰은 쓰임새가 있는 단어일 뿐만 아니라 스웨덴 사람들의 행동방식에 대해 많은 부분을 설명하는 말이기도 하다. 라곰은 많은 곳에 적용된다. 아이스크림을 얼마나 먹고 싶은지, 자신이 가진 말의 크기, 살사 소스가 얼마나 매운지, 지난주 금요일에 내가 술을 얼마나 마셨는지까지도(아무렴, 정말이다!). 그런데 라곰은 양뿐만 아니라 가치도 의미한다. '적당히'라는 철학은 절제, 균형감 그리고 단란함으로 해석된다.

스웨덴에 사는 영국인 벤은 어느 날 나에게 이렇게 말했다.

"라곰에 대해 사람들이 호들갑 떠는 걸 이해 못 하겠더라고요. 영국에는 그런 말이 없거든요. 개념이라기보다는 그냥 좋은 단어인 것 같아요. 적당한 양, 그러니까 구체적으로 어느 정도라고 명시되진 않지만 적절한 양을 의미하니까요. 소스를 얼마나 드릴까요? 음, 라곰 타크lagom tack(적당히요. 감사합니다). 그러면 평균 정도의 양이 나오더라고요."

지금도 좋은 가치일까?

페이스북 〈재외 스웨덴 사람들〉이라는 다양한 포럼에서 '라곰'을 검색하면 비록 사는 곳은 스웨덴이 아니어도, 스웨덴어를 쓰지 않더라도, 우리 같은 해외 거주자들도 분명 그 말을 많이 쓴다는 사실을 알 수 있다. 그런데 가치관을 나타내는 말로 '라곰'을 쓸 때 누구나 그 말의 의미를 알 거라고 생각해도 될까?

그것은 어쩌면 세대 문제일지도 모른다. 1992년에 스웨덴에서 그룹 '에이스 오브 베이스Ace of Base'(1990년대에 제2의 아바로 불리면서 세계적으로 큰 인기를 끌었던 4인조 팝그룹 – 옮긴이)가 나온 후 태어난 사람이라면 라곰에 대한 생각이 아마 우리 같은 이전 세대와 조금 다를 수도 있다. 라곰의 가치를 폄하하는 사람들은 길의 어느 한쪽으로 걷게 될지 모르는데 어떻게 정확히 '길 한가운데'에 있을 수 있는지 답답하다고 말한다. 지방 함량 1.5퍼센트의 유명한 스웨덴 우유 멜란미엘크Mellanmjölk의 경우도 비슷하다. 크림이 적당히 들어 있어서 너무 담백하지도 않고 너무 기름지지도 않은 이 우유는 1980년대 이후 한결같이 초록색 갑에 담겨 판매되고 있다. 멜란미엘크는 1990년대에 혜성처럼 등장한 스탠드업 코미디언(무대에서 혼자 공연하는 코미디언 – 옮긴이) 요나스 가르델의 순회공연 타이틀이기도 했다. 요나스 가르델은 워낙 개성이 강하고 다채로운 인물이어서 모두가 좋아하지는 않았다. 스웨덴 사람들의 기준으로 딱 라곰은 아니었던 셈이다. 하지만 그의 투어가 성황리에 끝난 걸 보면 얼마나 많은 사람들이 스스로 모나다고 생각하면서도 라곰에 영향을 받았는지 잘 보여준다. 그렇다면 스웨덴 사람들이 더 동질적이고 편협해서 라곰이 다른 시대에도 잘 맞는 걸까? 세계화가 되면서 사회적 행동도 변하고 있으므로 옛날식 사고방식들은 이제 우리 문화에 맞지 않는다. 그렇다면 낡은 사고방식도 사회의 나머지 부분과 함께 진화해야 한다.

새로운 종류의 라곰

라곰은 스스로 재창조되고 있는 것 같다. 뉴스를 보면 매일 당장 엄청난 일이라도 벌어질 듯하고, 그런 세상에서 빈부 격차는 전 세계적으로 커지고 있다. 균형과 집단성의 개념, 불안정성과 개인주의 그리고 탐욕에 맞선 검소함이 매력적으로 다가오는 세상이다. 그저 라곰스럽게 사는 것만으로는 지구 온난화라든가 세계기아 문제까지 해결하지 못하겠지만 각자가 이 세상에 기여할 수 있는 뭔가를 한다는 사실만으로도 중요한 게 아닐까?

라곰은 우리 자신과 세상의 행복을 소중히 여기면서 살아가기 위해 누구라도 배우면 좋을 삶의 철학이다. 우리가 세상에 가하는 충격을 줄이는 문제에 대해 의식을 갖고 생각해야 한다. 자전거를 타거나 전기 요금을 줄이는 방법도 좋다. 필요 이상으로 테이크아웃을 하지 말자. 어쩌면 라곰도 지나가는 유행일지 모르지만 라곰이 지향하는 정신은 우리 모두와 다음 세대들도 일종의 삶의 지침으로 쓸 수 있다.

스웨덴 사람들은 행복을 안다.
그리고 그 행복의 대부분은 라곰에
가까워지는 일이다.
너무 적지도
너무 많지도 않은 라곰에.

Lagom and happiness

CHAPTER **2**

라곰이
주는 행복

스웨덴 속담에는 이런 말이 있다.
중용이 최고다Lagom är bäst.
이 말은 '적당한 것이 제일 좋다'는
의미로 해석할 수 있다.

스칸디나비아식 행복

해마다 UN에서 실시, 세계적인 기준이 되는 세계 행복 보고서를 보면 스웨덴이 종종 10위권 안에 든다. 사실 모든 스칸디나비아 국가들이 상위권을 차지한다. 스칸디나비아 국가들이 이런 보고서에서 꾸준히 높은 점수를 받는 이유는 무엇 때문일까?

스웨덴은 양성 평등, 사회보장, 삶의 질이 올바르게 보장되는 궁극적인 모델 국가라고 흔히 설명한다. 스웨덴 사회 역시 지난 십여 년 동안 다른 나라들과 마찬가지로 많이 변했지만, 여전히 라곰스러운 사고방식으로 사람을 위하고 사람을 우선하는 문화를 갖춘 나라로 느껴진다. 열심히 일하면서도 나머지 시간은 공동체와 가족을 위해 쓸 수 있는 균형을 이루어낸 나라다. 하지만 꼭 스웨덴에 살아야만 라곰을 실천하고 행복과 만족감을 키울 수 있는 건 아니다. 라곰은 생활방식이라기보다 하나의 철학에 가까워서 딱 적당량만 지킨다면 누구나 떡 한 조각씩, 그것도 자신에게 딱 맞는 떡을 먹을 수 있다는 삶에 대한 핵심적인 접근이다. 즉, 뭐든지 '딱 좋은 스웨덴식 골디락스Goldilocks(영국 전래동화 《골디락스와 곰 세 마리》에서 파생되어 너무 뜨겁지도, 너무 차갑지도 않은 적당한 상태를 가리키는 말이다 – 옮긴이)' 접근법이다.

적당량이 제일 좋다

우리 뇌도 딱 적당한 정도의 일들을 좋아한다고 한다. 계획을 짜고 복잡한 결정을 내리고 뭔가를 조직하고 멀티태스크를 하는 뇌 부위는 전두엽이다. 전두엽도 골디락스 방식을 따른다. 무슨 일이든 적당해야 최적의 기능을 할 수 있다. 예일대학교에서 신경생물학과 심리학을 가르치는 에이미 아른스텐 교수는 골디락스 비교법을 만들어서 업무가 너무 적거나 스트레스가 너무 심해도 마찬가지로 효과가 없을 수 있으니 최고의 결과를 끌어내려면 균형을 잘 잡아야 한다고 설명한다.

2016년에 홍콩과 불가리아 연구자들이 조사한 연구 결과에 따르면, 유전학이 행복의 열쇠가 될 수 있다고 한다. 그러니까 우리의 DNA에 모든 것이 적혀 있을 수 있다는 얘기다. 연구자들은 특정 유전자의 발현률이 높은 사람들과 그 나라에서 더 높은 수준의 행복을 느끼는 사람들 사이에 상관관계가 있다는 사실을 발견했다. 이 유전자는 감각적인 쾌락과 고통을 줄이는 역할을 맡는다. 유럽 국가들 사이에서 행복 수준의 차이가 조금씩 다른 것도 이 유전자 때문이라고 한다. 북유럽 사람들, 그중에서도 특히 행복 지수 점수가 높은 스웨덴 사람들은 이 유전자를 갖고 있을 확률이 높다. 하지만 연구자들은 유전학이 행복을 결정하는 유일한 요소는 아니라고 말한다. 경제적, 정치적으로 안정된 사회도 구성원들의 행복을 결정짓는 데 기여한다.

스칸디나비아 사람의 유전자를 갖고 있는지 그 유무와 행복은 확실한 관계가 없으므로 DNA는 그렇다 치고, 이 행복 수준은 라곰으로 간단히 설명된다. 라곰은 넘치지도 부족하지도 않은 딱 적당한 상태의 삶을 살고 있을 때 그리고 모든 일들이 지금 이대로 충분히 괜찮다고 느낄 때 행복을 찾을 수 있다는 개념이기 때문이다.

대부분의 스웨덴 사람들은 요람에서 무덤까지 국가에서 돌봐주리라는 사실을 믿고 있으며, 살아남기 위해 투쟁할 필요가 없다는 사실을 아는 것만으로도 만족감은 높아진다. 이것은 스웨덴 사람들이 삶에 의미와 가치를 더해주는 뜻깊은 일들을 할 시간적 여유가 있다는 뜻이다. 삶을 의미 있게 채운다면 자연히 목적의식과 가치를 발견할 테고, 그것은 곧 행복이 된다. 라곰스러운 방식으로 삶을 산다면 누구나 이 정도면 살아볼 만한 삶이라고 생각하게 될 것이다. 더 나은 삶도 있겠지만 이 정도면 기본적으로 딱 좋다고.

나는 스웨덴에 들를 때마다 조용한 만족감이 스며 있는 분위기에 깊은 감명을 받는다. 스웨덴 사람들은 자신들이 뭔가 좋은 것을 발견하게 되리라는 사실을 알고 있다. 그저 자신들이 원하는 대로 살아가면서 자신들의 행동 방식이 훌륭하다고 자부한다. 나도 가끔은 어떤 일들이 못마땅할 때도 있지만 대개는 이렇게 시인하고 만다. "그래, 주방 찬장을 정돈하는 건 역시 현명한 일이지." 우리가 제대로 살고 있다는 사실을 아는 건 꽤나 위안이 되는 일이다.

라곰과 만족감

라곰스럽게 산다면 만족감은 분명히 따라온다. 반면에 행복을
얻기 위해 고군분투하는 일은 비생산적일 수 있다. 행복 연구 또
는 긍정심리학은 상대적으로 새로운 연구 분야다. 1998년에 미
국 심리학회에 새로 선출된 회장 마틴 S. 셀리그만 박사는 첫 연
설에서 새로운 심리학 분야를 창시했다. 행복은 기술과 중재를
통해서 기록되고 측정되고 조절이 가능한 것이 되어 있었다.

난데없이 행복은 이윤을 얻기 위해 포장되어 판매될 수 있는 상
품이 되었다. 그리고 자칭 행복 전도사라는 사람들과 긍정심리
학 강사라는 사람들이 펴낸 '행복해지는 방법'이라는 책들도 쏟
아져 나왔다. 행복해지는 방법을 가르치고, 개인이 처한 환경에
따라 행복이 좌우되는 것이 아니라 다양한 방법과 수단으로 조
종하고 변화시킬 수 있다고 가르치는 책, 강연, 앱, 도구들이 생
겨났다.

나중에 보니, 적극적으로 행복을 추구하면서 우리는 더 비참해지
고 있었다. 행복해지려고 애를 쓰면 쓸수록 결국은 덜 행복해진
다. 행복이란 이래야 한다는 생각을 미리 정해놓으면 뭔가 좋은
일이 실제로 일어났을 때 기대했던 대로 행복을 느끼기도 하겠지
만 한편으로는 실망감을 느낄 가능성이 크다.

캘리포니아 버클리 대학에서 연구한 결과 2주 동안 일지를 쓰게

해서 추정해보았더니 행복에 우선순위를 매긴 사람들이 그것을 구체화시키지 않은 사람들보다 일상에서 더 우울함을 느꼈다고 한다. 그에 반해 삶에서 의미를 찾으려는 일은 잘 살고 있다는 느낌을 더 깊이 있게, 지속적으로 만드는 하나의 방법이다.

철학은 오랫동안 행복과 의미 있는 삶을 참살이의 두 가지 형태로 인정해왔다. 에밀리 에스파니 스미스는 《의미의 힘The Power of Meaning》이라는 저서에서 아리스토텔레스와 같은 스승들의 글쓰기와 톨스토이 같은 작가들의 글쓰기뿐만 아니라 의미 있는 삶에 관한 최근의 연구 논문들을 분석했다. 에밀리는 의미 있는 삶을 살고 있다고 느끼려면 자기 자신보다는 뭔가 다른 것에 연결되어 기여해야 한다고 말한다. 그 대상은 가족이 될 수도 있고, 일이나 지역 공동체 자원봉사, 야외 활동 또는 종교가 될 수도 있다. 나는 첫 아이 알바르를 낳고서 그동안 자기 지향적 목표에 몰두하지 않았던 것이 얼마나 다행인가 생각한 적이 있었다. 그리고 매 순간 느껴지는 감정을 돌이켜보았다. 다른 사람을 먹이고 키운다는 사실은 한 번도 느껴본 적 없던 만족감을 주었다. 뻔한 얘기지만 그렇게 인생의 가장 소소한 부분들부터 감사하는 마음을 갖기 시작했다. 그러자 내가 했던 모든 일에서 목적의식이 더 많이 생겼다.

라곰은 일반적인 스웨덴 생활방식 속에 있는 개념이자 문화에 깊이 배어 있는 개념이다. 따라서 외부인은 그 가치를 이해하는 게 어려울 수 있다. 우리가 하는 모든 일에 라곰이 스며든다는 생각도, 그리고 라곰이 만족감과 균형감과 연결되는 방법도 말이다. 라곰은 자연스럽게 느껴지는 일종의 지속 가능한 긍정적인 인생관이다. 그렇다고 모든 일에서 더 많은 부분이 나아지는

건 아니지만, 많은 상황에서 라곰스럽게 접근하다 보면 모호한 부분이 더 분명해진다. '꽤 괜찮은' 라곰스러운 사고방식은 오래 지속되는 행복을 만들어준다. 물론 누군가의 "꽤 괜찮아"가 다른 누군가의 "꽤 괜찮아"와 다를 수 있다는 사실을 명심해야 한다.

함께 나눠요

스칸디나비아 문화의 핵심은 다 같이 기여하고 다 같이 이득을 보는 경우에는 몫도 공정하게 나눈다는 개념이다. 이런 개념은 건강진료처럼 우리가 소중하게 여기는 것들을 보장받는다는 든든한 믿음 속에서 삶을 즐길 수 있게 해준다. 삶의 기본적인 욕구에 대한 걱정이 없어지면 가족과 함께 시간을 보내거나 일과 삶의 적당한 균형을 잡는 것처럼 삶에 의미를 보태는 일을 찾는 데 많은 시간을 쓰게 된다. 또 소일거리로 가욋돈을 추구할 시간도 생긴다. 그래서 스웨덴 사람들이 세금을 많이 낸다고 투덜거리는 걸 들으면 괜시리 부아가 치미는 것이다. 우리가 더 나은 삶을 살 수 있도록 도와주는 게 바로 높은 세금이니까 말이다. 육아보조금은 부모들이 마음 놓고 일을 할 수 있게 해준다. 내 친구 클라라는 이렇게 말한다.

"부모가 둘 다 계속 일을 할 수 있으면, 사회 전체가 이득이라는 걸 누구나 알아. 그러면 일터에서 재능을 잃을 필요가 없지. 특히 여자들 말이야. 사회는 아이들이 필요해."

직장 생활도 라곰스럽게 접근한다면 일과 중에 규칙적으로 휴식을 취할 수 있을 뿐만 아니라(일명 피카 - 간식을 먹으면서 쉬는 시간, 3장 참조), 적절한 시간에 퇴근을 할 수 있다. 그래도 스웨덴 사람들은 여전히 효율적으로 보인다. 그러면 왜 모든 나라가 라곰스러운 직장 생활을 하지 못하는 건지 의아한 사람도 있을 것이다.

당장 스웨덴으로 이민을 갈 수도 없고 충만한 사회복지를 받으면서 휴식을 취할 수도 없지만 나만의 삶에 '꽤 괜찮은' 개념을 도입할 수는 있다. 라곰스러운 접근법은 그저 우리가 하고 싶은 일을 음악 연주든, 원예 일이든, 또는 다른 무엇이라도 할 수 있는 시간을 주어 삶의 만족감을 높여준다. 이런 일들을 할 수 있는 여유가 있다는 사실만으로도 삶의 가치는 높아진다. 행복해지기 위해서 성대한 파티까지 할 필요는 없다. 그저 친구와 따뜻한 음료 한 잔만 마실 수 있으면 족하다. 점심시간에 공원을 거닌다든지, 얼굴에 내려오는 따스한 햇살을 만끽한다든지, 또는 창턱에 심어놓은 씨앗이 자라는 모습을 보는 일이야말로 만족감을 주는 충분한 라곰이다.

TRY THIS

샐러드용 채소 키우기

매일 싱싱한 채소를 뽑아서 샐러드를 만들어 먹는 일이야말로 여름의 하이라이트가 아닐까? 넓은 공간도 필요치 않다. 샐러드용 채소들은 어떤 용기에서나 잘 자란다. 채소를 키울 용기를 적당한 장소에 놓고 집에서 기른 음식의 혜택을 맘껏 누리자.

이런 게 필요해요

양철 양동이
배수되는 항아리 조각 몇 개
작은 자갈
혼합 상토
잘 휘어지는 잔가지(선택)
아루굴라(루콜라)나 상추, 소렬 등 자기가 심고 싶은 샐러드 채소
제비꽃 같은 식용 꽃은 화사한 색감을 더해준다.

1 양동이 바닥에 필요하면 구멍을 뚫어둔다. 구멍 위에 항아리 조각 몇 개를 올려 물이 빠질 수 있게 한다.

2 작은 자갈을 펼쳐서 덮어준 다음 혼합 상토를 양동이 가장자리까지 가득 부어준다.

3 취향에 따라 양동이 둘레에 잔가지로 울타리를 쳐주어도 좋다. 잔가지들을 40cm 정도 길이로 자른다. 한쪽을 활 모양으로 구부려 흙 속에 단단히 고정시켜 넣는다. 이런 식으로 계속하면서 둥글게 휜 잔가지들을 겹쳐 양동이에 단정한 테두리를 만들어준다.

4 흙을 조금 퍼낸 다음에 심을 채소를 그 안에 넣고, 하나씩 자리를 잡아 잘 토닥여준다.

5 채소들 사이에 약 2.5cm 정도의 거리를 두어도 좋다. 잎이 어리고 특히 맛이 좋을 때 따먹고 싶다면 한꺼번에 많이 심어도 좋다. 자라는 동안 흙을 촉촉하게 유지할 수 있도록 자주 물을 주고 채소가 좋을 때가 지나지 않도록 규칙적으로 잎을 뽑아준다.

텃밭을 공유해요

조금만 사랑을 갖고 관심을 주면 열매를 계속 맺는 다년생 꽃들과 관목 그리고 딸기나무 종류는 우리가 받는 고마운 선물이다. 라곰으로 찾는 행복은 쾌락을 주는 기쁨이나 어떤 상황에서든 최대한의 이득을 뽑아내는 종류의 기쁨이 아니다. 정원을 가꾸는 일은 일상생활에서 의미를 찾으려 애쓸 때 한 번에 손에 잡히는 결과를 만드는 방법이다.

나는 균형도 소속감도 찾을 수 없을 정도로 다사다난하던 시절에 공동체 텃밭을 분양받았다. 그건 내가 지금까지 해온 일 중에 제일 잘한 일이었다. 한 번 갈 때마다 진이 빠지기는커녕 인생에 너무도 많은 보탬이 되었다. 쓸데없는 일을 한다는 느낌이 아니라 차분한 시간을 보낼 수 있었다. 공동텃밭에서 채소를 재배하는 다른 사람들도 모두 각자의 작은 땅을 정성껏 돌보았다. 나란히 옆에서 일을 하면서 굳이 대화를 나누지 않아도 같은 목적으로 그곳에 함께 있다는 생각이 아늑함을 주었다.

스탠, 나이젤, 테파 그리고 다른 분들에게 자주 조언도 구했다. 다들 내가 런던에서 했던 것보다 훨씬 오랜 시간 과일과 채소를 키워온 그린 핑거 권위자들이었다. 돌이켜 생각해보아도 당시에 했던 원예 일은 내 인생에 오래도록 지속되는 만족감을 주었다. 다른 사람들에게 자신만의 정원을 가꿔보라고 추천하는 이유도 그 때문이다. 원예 일의 매력은 집에서 키운 근사한 토마토를 자랑하는 것이 아니다(과시는 라곰스럽지 않다). 정신없이 바쁘기만 했을 삶에 균형을 맞춰줄 작은 땅이 있어 모든 일이 이대로 좋다는 느낌을 갖게 해주었다. 흙을 고르고 잡초를 뽑고 씨를 뿌리는 정성스러운 활동, 호박을 잘 키우는 방법에 대해 주고받는 정감 어린 농담, 그리고 약간의 노동을 마친 뒤 본질적인 피카를 위해 햇빛을 받으면서 쉬는 시간은 신나는 일까지는 아니어도, 그 속에서 느끼는 기쁨이야말로 라곰의 개념으로 거슬러 올라간다. 라곰의 토대는 본질적으로 우리가 하는 모든 일에서 찾는 만족과 균형 그리고 절제다. 그리고 과하지 않게 적당한 만큼만 내가 가져가면 남들도 충분히 행복해질 거라는 믿음도.

뭔가를 심고 수확하는 일이 지속적으로 순환되면
모두 평화롭다는 느낌을 받는다.

라곰스러운 소통

라곰스러움은 가족생활과 대인관계에도 적용할 수
있다. 스웨덴 사람들은 다른 사람들과 갈등을 빚거나
감정을 격렬하게 표출하는 걸 싫어한다고 알려져 있다.
물론 그런 건 라곰이 아니다.

현재 스톡홀름에 거주하는 영국 출신의 커뮤니케이션
전문가 콜린 문은 이렇게 평한다.

"스웨덴 사람들은 네(야ja), 아니오(네이nej)라는 대답을
거의 안 합니다. '야'나 '네이'라고 말하는 대신에
'냐mja'라고 말하거든요.

'냐'는 '글쎄'라는 의미입니다. '네'나 '아니오'로 말하면
갈등이 생길 수 있어서 스웨덴 사람들은 되도록 그 말을
피하고 '상황을 봐서', '어쩌면', '할 수 있나 한 번
볼게'라는 말로 대신하죠."

라곰은 갈등은 피하고 모두가 라곰을 지키면서, 그저
다른 사람과 통하기를 바라는 것이다.

대부분의 스웨덴 사람들은 그런 편이다.

행복을 찾는 방법

1 "내가 더 잘할 수 있을까?"라고 생각하는 대신 "이 정도면 적당할까?"라고 자신에게 물어보자. 내가 지금 행복한지 묻는 것보다 지금 만족스러운지 생각해보자. 두 질문은 크게 다르지 않지만 행복에만 초점을 맞추다 보면 실망으로 이어질 수도 있다.

2 씨앗을 심고 키우면서 쑥쑥 자라는 모습을 보면 지속적인 목적의식이 생긴다. '정원사의 기쁨'이라고 불리는 방울토마토는 실내든 실외든 어디서나 쉽게 키울 수 있는 체리 토마토다. 프렌치 래디시(작은 무처럼 생긴 빨간색 채소 – 옮긴이)는 보통 누구든 실패의 염려 없이 쉽게 키울 수 있는 채소이고 이른 봄에 수확할 수 있다. 꽃 종류 중에서는 꽃담배(니코티아나Nicotiana)를 따라올 상대가 없다. 키우기도 쉽고, 해 질 녘 피는 꽃에서 말할 수 없이 근사한 향기가 난다. 종류도 다양하다.

3 더 행복해지려면 무엇을 해야 하나 고민하는 대신 짬을 내 안정감을 느낄 수 있는 일들을 하자. 빵 굽기, 집 안 장식 아니면 규칙적으로 외출을 하는 것도 좋은 방법이다.

4 자선 단체에 가입해서 가치 있는 후원을 해보는 건 어떨까? 예를 들면, 집에서 구운 쿠키를 독거노인들에게 가져가서 티 파티를 열어드리는 자원봉사도 좋을 것 같다.

Lagom and time

CHAPTER **3**

라곰과
함께하는 시간

충분한 휴식을 포함해
일과 생활의 균형을 합리적으로 맞추면
더 큰 만족과 조화를 얻을 수 있다.

휴식 시간

스웨덴 어느 직장의 하루를 상상해보자. 사무실에서 한 시간 반째 이메일을 보내면서 일을 하는 중이었다. 잠깐 창밖을 우두커니 바라보다가, 다시 열심히 일을 한다. 그때 앤더스가 어깨를 툭툭 치면서 이렇게 말한다. "피카 타임이야." 지금쯤이면 점심시간 아닌가 싶어 의아했는데 시계를 보니 열 시밖에 안 되었다. 송장이 왜 또 늦느냐고 다그치는 거래처의 베리트에게 여태 답장도 못 해주었다. 어쩔 수 없다고 생각하면서 자리에서 일어난다. 피카 룸으로 가서(그렇다, 웬만한 사무실에는 이렇게 특별히 정해진 공간이 있다) 동료 직원들과 함께 자리에 앉는다. 커피 한 잔을 마시고, 어쩌면 포토르påtår도 마신다(두 잔째 커피를 부르는 말이다. 세 번째 잔은 뭐라고 부르냐고? 맞다. 트레토르tretår라고 부른다. 트레tre는 셋이라는 뜻이다). 출출하면 쿠키 몇 개나 샌드위치를 먹기도 한다(아침 여덟 시 반까지 출근하려면 아침식사를 꽤 일찍 먹었을 테니까).

20분 정도 지난 후 다시 자리로 돌아가 열두 시 반까지 하던 일을 마저 한다. 열두 시 반이 되면 동료들과 프런트 데스크를 책임지고 전화 응대도 하는 솔베이와 함께 점심 식사를 하러 나간다. 솔베이는 점심시간 동안 사무실에 아무도 없으니 나중에 다시 전화해달라는 멘트가 녹음된 자동응답기를 켜둔다. 한 시간 후, 식사를 마치고 적당히 휴식을 취하고 나니 다시 기운이 난

다. 오후 세 시까지 해야 할 일 목록에 체크해두었던 일들을 마친다. 세 시에는 다시 피카 타임이다. 동료들과 삼삼오오 모여 앉아 업무와 관계없는 한담을 나눈다. 그렇다고 이런 휴식이 딱히 멀티태스킹을 위한 전략은 아니다. 마당에 있는 킬러 슬러그(민달팽이 종류인데, 이것저것 다 먹어치워서 그런 이름이 붙었다 – 옮긴이) 없애는 방법이라든지 기가 막힌 버터를 살 수 있는 동네 잡화점에 관한 이야기 정도를 나눌 뿐 업무 얘기는 전혀 하지 않는다. 어디까지나 휴식 시간이니까. 업무와 관련된 얘기는 업무 시간에만 한다. 이런 게 피카 타임이다. 4시 52분쯤, 아직 베리트한테 답장을 하지 않았다는 생각이 퍼뜩 들어서 메시지를 보내고 4시 58분에 로그아웃을 한 다음 퇴근한다. 다른 동료들도 마찬가지다.

우리 모두가 원하는 사무실의 이상적인 하루처럼 들리지 않는가? 이런 하루는 내 영국인 친구 팀이 스웨덴에서 일했을 때의 경험과 다르지 않다. 팀은 동료들과 따뜻한 음료를 마시느라 수도 없이 일을 중단했다고 한다. 물론 모든 사무실이 이런 식으로 운영되지는 않는다. 커피를 들고 자리로 돌아가 컴퓨터 앞에서 점심식사를 하면서 마시는 사람도 더러 있을 것이다.

하지만 이런 사무실은 많은 스웨덴 사람들의 현실과 다르지 않다. 피카 타임은 이제 확실히 자리를 잡은 개념이어서 정신없이 바쁘고 빡빡한 세상에서 잠시 거리를 두고 '신경을 끄는 시간'을 일컫는 말이다.

타크tack(고맙습니다, 그리고 또 부탁합니다)와 헤이hej(헬로우) 다음으로 피카는 꼭 알아야 하는 단어다. 커피와 간식을 먹기 위해 한자리에 모이는 일은 하루에도 몇 번씩 친구들이나 가족들 또는 동료들과 함께하는 일이다. 누군가 피카 타임을 제안하면 우리는 그게 무슨 뜻인지 바로 알아차린다. 그것은 함께 모이는 완벽한 라곰이다. 시간이 많이 걸리지 않지만 마음속에 있는 중요한 이야기들을 털어놓기에 충분한 시간이라는 걸 우린 안다. 집 안 일부터 직장과 관계된 문제들까지 말이다(물론 업무 얘기는 빼고). 다 못한 얘기는 다음에 하면 된다.

피카 타임은 조금도 복잡하지 않다. 필요한 건 커피와 쿠키가 전부다. 집에서 만들어온 것도 괜찮고 밖에서 파는 걸 사와도 상관없다. 대부분의 스웨덴 음식들은 라곰 방식으로 요리해서 어려운 방식과 쉬운 방식이 조화를 이룬다. 어렵지도 않고 너무 간단하지도 않으면서 접시 하나에 모든 요소들이 담겨 있다. 계량은 스푼으로 한다. 베리 종류처럼 무게가 들쑥날쑥한 경우에는 저울이 필요하지만 언제나 기본적으로는 눈대중으로(외곤모트 ögonmått) 한다.

피카에서 중요한 점은
휴식을 취하면서 함께한다는 사실이다.

카다몬 애플브레드

에플브뢰드
äppelbröd

어렸을 때 우리 집 마당에는 사과나무 몇 그루가 있었다. 부모님은 사과를 일일이 하나씩 신문으로 감싸서 겨우내 저장해 놓으셨다. 아빠(아르네)는 다양한 종들을 나무에 접목하는 일에 일가견이 있어 나무 몇 그루에서는 서로 다른 종류의 사과들이 열렸다. 엄마(브리타)는 종종 사과로 빵을 만드셨는데, 그 빵은 사과로 만든 요리 중에 내가 제일 좋아하는 것이기도 하다. 카다몬(생강과 같은 종류의 식물 – 옮긴이)과 시큼털털한 사과의 조합에 달콤한 도우까지 더해지면 그야말로 천국의 맛이다. 엄마는 그 요리법이 예전 80년대 신문에서 본 것이라고 생각하시지만 이제는 명실상부한 엄마만의 특급 레시피가 되었다.

THE LAGOM LIFE

2인분

생 이스트 50g
또는 활성 드라이이스트 25g
버터 ⅔컵(150g)
기름칠할 여분의 버터 약간
지방을 빼지 않은 전유 2컵 더하기 2스푼
정제당 ½컵(90g)
카다몬 가루 1티스푼
달걀 1개
장식으로 뿌릴 다목적용 밀가루 5¾컵(770g)
윤기를 낼 때 쓸, 풀어놓은 달걀

빵에 넣을 소

사과 6~8개(요리용 사과도 좋다)
카다몬 가루 1스푼
설탕 ½컵(100g)
건포도나 다른 말린 과일 ¾컵(100g)
(잘게 썰어놓은 말린 살구도 좋다)
레몬 1개 즙

1 베이킹 시트baking sheet(제과제빵용 시트 – 옮긴이) 두 개에 기름을 바르고 베이킹 페이퍼parchment paper(방수 방지용 황산지로 유산지라고도 한다 – 옮긴이)를 안에 댄다.

2 생 이스트를 사용할 때는 접시 안에 바스러뜨려 넣는다. 적당한 열로 가열한 팬에 버터를 녹이고 우유를 첨가한 다음 손가락 온도 정도(36~37℃)로 높인다. 이스트 위에 혼합 재료를 부어 녹을 때까지 섞어준다. 설탕과 카다몬, 달걀을 첨가한다. 활성 드라이이스트를 사용한다면 밀가루에 섞어서 접시에 붓는다. 도우가 유연하고 부드러워져 접시 가장자리에서 떨어질 때까지 계속 저어준다. 천으로 덮어 도우가 부풀 때까지(사이즈가 두 배가 될 때까지) 따뜻한 장소에 30분 정도 둔다.

3 그동안 사과 소를 만든다. 사과 껍질을 까고 심을 도려낸다. 얇게 저민 다음 접시에 카다몬과 설탕과 건포도와 함께 섞어 넣는다. 나는 갈변되지 않도록 신선한 레몬즙을 그 위에 약간 짜준다.

4 밀가루를 살짝 바른 면이 바닥으로 가도록 도우를 놓는다. 반죽을 치댄 다음 4등분으로 나누어 둥글게 빚는다. 둥글게 빚은 반죽을 밀대로 밀어서 직경 25㎝ 정도로 펼치고 도우 두 개를 베이킹 페이퍼 위에 올린다. 만들어둔 사과 소를 고르게 둘로 나누어 도우 위에 바르되 가장자리 5㎝ 정도는 여유를 남긴다. 펼친 나머지 도우 두 개를 소 위로 덮고 소가 새어나오지 않도록 도우 가장자리를 서로 꼭 집어준다. 공기가 빠져나올 수 있게 윗부분에 십자 칼집을 내준다. 부풀어 오르도록 30분을 더 둔다.

5 오븐을 200℃로 예열한다.

6 구울 준비가 되면 풀어놓은 달걀을 솔로 살짝 발라준 다음 예열된 오븐에 넣어 금갈색이 될 때까지 20~30분 정도 굽는다. 베이킹 시트에서 꺼내 와이어 랙으로 옮기고 깨끗한 키친타월을 덮어 시힌다.

브뤼셀 비스킷

브뤼셀켁스
brysselkex

1945년 스웨덴에서 《일곱 가지 비스킷Sju Sorters Kakor》이라는 책이 출간되었다. '일곱 가지 비스킷'은 손님들에게 대접하고 싶은 다양한 쿠키의 가짓수를 가리킨다. 가짓수가 너무 많으면 과시하는 것 같고, 너무 적으면 초라해 보인다. 일곱 가지가 딱 라곰이다. 브뤼셀 비스킷은 그 일곱 가지 비스킷 중 하나다. 우리 엄마는 매년 크리스마스마다 이걸 만들어 빨간색으로 착색시킨 설탕을 입혀 놓는다. 계절에 따라 색상을 다양하게 변화시킬 수 있다. 봄에는 초록색, 부활절 기간에는 노란색, 슈퍼맨 파티에는 파란색, 노란색, 빨간색을 섞는다.

비스킷 50개 만들기

도우

버터 ¾컵 더하기 2스푼(200g)
기름칠할 여분의 버터 약간
다목적 밀가루 2¼컵(300g)
정제당 7스푼(85g)
바닐라 향 설탕 또는 바닐라 추출물 1스푼

데코레이션

과립당 ½컵(100g)
식품 착색제 몇 방울

1 데코레이션부터 시작한다. 설탕과 착색제를 비닐봉지에 담아 한데 섞어서 설탕을 완전히 착색시킨다.

2 버터, 밀가루, 설탕, 바닐라 향 설탕 또는 바닐라 추출물을 접시에 모두 섞어서 부드럽고 평평한 노우를 만든다. 도우를 둘로 나누어 각각의 도우를 직경 3~4cm의 소시지 모양으로 만든다. 평평한 접시에 착색된 설탕을 뿌리고 그 위에 도우를 하나씩 차례로 굴려서 골고루 설탕을 입힌다. 냉장고에 넣어 30분 정도 식힌다.

3 오븐을 175℃로 예열한다. 베이킹 시트에 서너 번 기름칠을 하고 베이킹 페이퍼를 올린다.

4 날카로운 칼로 도우를 5mm 두께로 자르고 베이킹 시트에 올린다. 예열된 오븐에서 10분 동안 굽는다. 너무 오래 구우면 가장자리에 묻은 설탕이 탈 수도 있으므로 잘 살펴본다. 와이어 랙에 옮겨서 식힌다.

너트 초콜릿 스퀘어

뇌트쇼클라드루토르
nötchokladrutor

우리 부모님은 집에서 친구들이나 친척 모임이 있을 때면 디저
트 다음에 늘 '카카 틸 카페트kaka till kaffet'를 내놓으신다. 기본적
으로 '비스킷을 곁들인 커피'라는 뜻이다. 커피가 있으면 달콤한
것을 같이 먹고 싶어진다. 그래서 우리 엄마는 종종 이런 비스킷
을 구우신다. 뚝딱 만들 수 있고 완벽한 라곰 사이즈여서 내가
제일 좋아하는 쿠키다. 나는 헤이즐넛을 올린 크런치를 특히 좋
아한다.

스퀘어 20개 만들기

실온 상태의 버터 7스푼(100g)
기름칠할 여분의 버터 약간
정제당 ¾ 컵(140g)
베이킹파우더 ½스푼
달걀 1개
바닐라 향 설탕 또는 바닐라 추출물 1스푼
다목적 밀가루 ½컵에 1스푼 더(75g)
다진 헤이즐넛 ¾컵(100g)

1 오븐을 200℃로 예열한다. 베이킹 시트에 25×35㎝ 또는 그보다 약간 더 큰 크기로 기름칠을 해준 다음 베이킹 페이퍼를 올린다. 더 큰 베이킹 시트를 사용할 경우에는 25×35㎝ 크기가 넘지 않는 부분만 준비한다.

2 전기거품기나 거품기로 색깔이 옅어지고 거품이 생길 때까지 버터와 설탕을 휘저어서 크림을 만든다. 베이킹파우더와 코코아를 추가해 부드러워질 때까지 섞어준다. 달걀과 바닐라 향 설탕 또는 바닐라 추출물을 추가해서 형태가 완전히 없어질 때까지 휘젓는다. 밀가루를 체에 걸러 섞어주면 부드러운 버터처럼 보이는 반죽이 된다. 반죽을 베이킹 시트 위에 고르게 편다. 그 위에 다진 너트를 뿌린다.

3 예열된 오븐에 넣고 15분 동안 구운 다음 따뜻할 때 네모나게 잘라준다. 한 김 식혀서 밀폐용기에 보관한다.

바르브로 이모의 티케이크

바르브로 이모의 테카코르
faster barbro's tekakor

바르브로 이모는 쿠키에 있어서 전설적인 분이다. 올해로 아흔 셋이 된 이모는 이제는 예전처럼 성대한 가족 모임은 주관하지 못하시지만 제법 여럿인 우리 조카들은 이모의 따뜻한 주방에 옹기종기 모여 있던 추억을 간직하고 있다. 이모의 주방은 집에서 구운 쿠키와 커피 냄새로 늘 향긋했다. 우리는 치즈를 곁들인 티케이크를 먹었고, 이모가 직접 만드신 블랙커런트 코디얼(까막까치밥 나무 열매로 만든 음료 - 옮긴이)을 마셨다. 내 아이들도 별반 다르지 않아서 그린 간식을 정말 좋아한다.

티케이크 25개 만들기

으깬 귀리 ¾ 컵(75g)
아마씨 150g
유지방 300ml
생 이스트 또는 활성 드라이이스트 50g
소금 2스푼
콘시럽 또는 당밀 3스푼
생크림 또는 천연 요구르트 200ml
굵게 빻은 밀가루 500g

통밀가루 170g
베이킹파우더 1스푼
기름칠할 버터 약간

1 귀리와 아마씨를 팬에 올리고 물 200㎖를 붓는다. 혼합물이 걸쭉해질 때까지 5분 정도 약한 불로 끓인다(혼합물이 너무 빽빽하면 물을 더 넣으면 된다). 우유 200㎖를 추가하고 내용물을 식힌다.

2 남은 우유를 36~37℃ 정도로 덥힌다. 생 이스트를 사용할 경우 따뜻한 우유에 이스트를 섞어 용해시킨다. 활성 드라이이스트를 사용한다면 데운 우유를 그릇에 붓고 그 위에 활성 드라이이스트를 덮어 뿌린 다음 활성화시켜 거품이 나게 만든다.

3 소금과 콘시럽 또는 당밀을 우유와 이스트가 담긴 그릇에 추가한다. 식힌 귀리, 아마씨 물 혼합물을 저어서 잘 섞은 다음 생크림이나 요구르트를 추가한다. 밀가루와 베이킹파우더를 모두 추가하고 손으로, 혹은 반죽갈고리가 달린 믹서로 도우 형태가 될 때까지 잘 섞어준다(살짝 끈적거릴 정도면 잘된 거다). 한 시간 정도 따뜻한 곳에 두거나 크기가 두 배가 될 때까지 부풀게 둔다.

4 기름을 바른 베이킹 시트에 베이킹 페이퍼를 잘 맞춰 올린다.

5 도우를 내리치면서 부드러워질 때까지 다시 치댄 다음, 두 조각으로 자른다. 각각의 도우를 1㎝ 두께로 밀어서 편 다음 직경 8~10㎝ 정도의 컵을 사용해 동그란 모양으로 자른다(나는 평소에 쓰던 무민 컵이 라곰 사이즈 티케이크 커팅에 완벽한 크기라는 사실을 발견했다). 포크로 윗면에 살짝 원을 그리면서 구멍을 뚫은 다음 베이킹 시트에 올린다. 남은 도우를 다 쓸 때까지 계속 모양을 만들어 잘라준다(조그만 자투리도 롤러로 잘 펴면 티케이크를 더 만들 수 있다). 30분 정도 부풀도록 둔다.

6 오븐을 225℃로 예열한다. 티케이크 윗부분의 밀가루를 털고 오븐 중앙에 놓아 금갈색이 될 때까지 13분가량 굽는다. 깨끗한 키친타월을 덮어서 와이어 랙에 올려 식힌다.

7 손님에게 대접하기 전에 반으로 잘라서 버터, 치즈와 함께 내놓는다. 취향에 따라 얇게 저민 오이나 빨간 파프리카 링을 토핑으로 얹어도 좋다. 진정한 스웨덴식 토핑을 원한다면 치즈 위에 오렌지 마멀레이드 한 덩이를 올린다.

8 티케이크는 냉동 보관한다. 일단 해동하고 나면 하루 이틀 안에 먹는 것이 좋다.

롤케이크

룰토르타
rulltårta

이건 스칸디나비아식 롤리폴리(잼이 든 소라 모양 푸딩 – 옮긴이)다. 만들기도 쉽고, 토핑으로 딸기 종류와 함께 휘핑크림을 살짝 올려 장식하면 고급스러운 케이크가 된다. 스펀지케이크는 아주 가벼워서 여기에서 소개하는 것처럼 속에 크림이나 딸기류, 잼 중에 아무거나 맘껏 추가해도 된다. 개인적으로 좋아하는 건 집에서 만든 덩어리지지 않은 부드러운 애플 소스다. 잼이나 애플 소스를 소로 사용할 때는 한 컵 분량, 그러니까 300g 정도만 있으면 된다.

슬라이스 20개 만들기

기름칠할 버터
달걀 3개
정제당 ⅔ 컵에서 1스푼 덜어낸 분량(120g)과
추가로 위에 뿌릴 만큼의 여분
우유 2스푼
다목적 밀가루 ⅔ 컵(90g)
베이킹파우더 1스푼

감자 전분 또는 옥수수 전분 ¼ 컵(30g)
더블크림 ½ 컵(100ml)
라즈베리 2컵(250g)

1 오븐을 250℃로 예열한다. 반죽이 준비되었을 때 오븐이 뜨겁게 달궈질 수 있도록 시간을 맞추는 게 좋다. 기름을 두르고 30×40㎝ 크기로 베이킹 시트와 베이킹 페이퍼를 맞춘다.

2 달걀과 설탕을 함께 넣고 하얗게 거품이 일 때까지 젓는다. 그다음에 우유를 넣고 저어준다. 그리고 밀가루, 베이킹파우더, 감자 전분이나 옥수수 전분을 섞어서 달걀 혼합물을 만든다. 반죽은 일반적인 스펀지 믹스보다 살짝 뻑뻑해야 한다.

3 반죽을 베이킹 페이퍼 위에 펼쳐 베이킹 시트를 채운 다음 예열된 오븐에 넣어 5분 동안 굽는다.

4 베이킹 페이퍼를 베이킹 시트 사이즈와 똑같이 하나 더 잘라서 위에 설탕을 뿌린다. 케이크를 오븐에서 꺼내 설탕을 뿌린 시트 위에 케이크의 윗면이 아래로 향하도록 조심스럽게 엎어놓는다. 케이크 바닥에 붙은 페이퍼를 벗긴다(페이퍼가 잘 안 떨어지면 찬 물을 약간 뿌려 문지르면 잘 떨어진다).

5 다음엔 소를 만들 차례다. 크림이 걸쭉해질 때까지 저은 다음 형태를 유지한다. 휘핑크림과 라즈베리를 섞어서 크림이 핑크색이 돌도록 라즈베리를 살짝 으깬다. 온기가 사라지기 전에 케이크 윗부분에 바른 다음 조심스럽게 말아주면서 설탕을 뿌린 뒷면 페이퍼를 벗겨준다. 그래야 롤케이크 안에 종이가 말려 들어가지 않는다. (따뜻할 때 케이크를 말아주면 스펀지가 많이 갈라지지 않는다.) 케이크를 페이퍼로 감싸서 냉장고에 보관한다. 이렇게 하면 건조해지는 걸 막을 수 있고 먹기 전에 자르기도 쉽다.

라곰, 일과 삶의 균형

해외 출장을 마치고 집으로 돌아가는 스웨덴 사람들은 일과 삶의 균형이 훨씬 조화롭다고 하나같이 입을 모은다. 업무와 관련 없는 활동을 할 수 있는 시간이 더 많기 때문에 삶이 덜 빡빡하다고 생각한다. 신기한 일이 아닐 수 없다. 누구에게나 하루는 똑같이 스물네 시간인데 어떻게 그런 일이 가능할까? 그건 라곰스러운 사고방식과 관련이 있다. 런던에서 온 제시카는 이렇게 말한다. "일과 삶의 균형은 '스웨덴'이 훨씬 나은 것 같아요. 라곰으로 일하고 피카 타임에 점심 휴식 시간까지 있으니까요."

대부분 팀원이 다 같이 규칙적인 피카 타임을 갖는 라곰스러운 실천은 확실히 멋진 일이지만 뭔가 완수해야 하는 일이 있을 때는 간혹 문제가 될 수도 있다.

스웨덴에 살고 있는 미국인 프랜시스는 혈액 검사를 받으려고 병원에 방문했다가 검사해줄 사람이 아무도 없어서 당황한 적이 있었다고 했다. 마침 휴식 시간이어서 모두 자리를 비운 것이다. 그것도 동시에. 영국에서 온 크리스틸은 자동차 안전 검사를 받으러 갔는데 차고 직원들이 아침 피카 타임 중이라서 받아주지 않았던 일화를 들려주었다. 시간은 오전 9시 15분이었다고 한다.

스웨덴 사람이 아닌 외국인들은 일단 이런 것에 익숙해지면 긍정적으로 받아들이게 된다. 그저 카 서비스를 받거나 혈액 검사를 받기에 안 좋은 시간이 언제인지만 알면 된다. 다시 말해, 사람들이 언제쯤 피카 타임이나 점심 휴식 시간을 갖는지 미리 알아두었다가 그 시간만 피하면 된다. 물론 오후 다섯 시 이후도 안 된다.

근무 시간 자율 선택제는 스웨덴에서는 일반적이어서 고용주들도 권장한다. 또 자녀가 생기고 나면 근무 시간을 25퍼센트 단축시킬 수 있는 합법적인 권리도 갖는다.

5주 연차 휴가(스웨덴은 1년에 5주, 즉 35일의 휴가가 법으로 보장된다 – 옮긴이) 외에도 스웨덴 사람들이 흔히 빨간 날이라고 부르는(달력에 빨간색으로 표시해놓기 때문에) 공휴일도 있다. 빨간 날을 다 합하면 약 2주 정도의 추가 휴가가 된다. 운이 좋다면 고용주가 그저 일이 손에 안 잡힐 거라는 이유로 빨간 날 전에 반차를 줄 수도 있다. 혹시 빨간 날이 목요일에 걸린다면 회사에서는 '클렘다그klämdag'를 준다. 이 말은 기본적으로 빨간 날과 주말 사이에 낀 날을 뜻한다. 그날은 업무 캘린더에도 존재하지 않는다. 스웨덴에서 사업하는 방법을 소개하는 미국의 어느 웹사이트에서는 외국인 파트너들에게 평일은 다섯 시가 퇴근 시간이니 오후 네 시 이후에는 스웨덴 동료를 만날 생각을 하지 말고, 6월이나 7월 또는 8월 그리고 2월 말부터 3월까지는 가장 인기 있는 휴가 기간이니 되도록이면 미팅을 잡지 말라고 조언한다.

스웨덴 사람들은 어떻게 이렇게 일을 안 할 수 있는지 분명 궁금할 것이다. 사실 스웨덴 사람들은 일과 생활의 균형을 정말 소중하게 생각하고 그 균형을 위해서 열심히 일한다. 직장에서 그리고 인생의 여러 상황에서 우리의 여가 시간을 좀먹는 불필요한 일보다는 꼭 해야 할 일에 초점을 맞춘다.

시간을 가치 있게 여겨주는 곳에서 살고 싶지 않은 사람이 누가 있을까? 자녀가 여덟 살이 되기 전에 쓸 수 있는 육아 휴가 480일을 신청하고 싶지 않은 사람이 누가 있을까? 심지어 몸이 안 좋은 아이들을 간호하기 위해서 유급 휴가를 신청할 수도 있다. 그 휴가를 뜻하는 '바바vabba'라는 단어는 영어에서 동의어를 찾을 수 없는 말이다.

내 시간을 당당히 요구하다

시간에 대한 라곰스러운 접근법은 당당하게 내 시간을 요구하는 것이다. 퇴근 시간이 되면 칼 같이 컴퓨터를 끄고 사무실을 나간다. 이메일도, SNS 알림도 받지 않고, 가족과 함께 있을 때는 휴대폰도 꺼놓는다(혹시 아이들 때문에 켜야 한다면 어쩔 수 없고). 확실한 근무 시간을 정해서 그 시간 외에는 이메일도 무시한다.

그러다 보면 어느새 자신이 전과 똑같이 효율적이라는 사실을 깨닫게 될 것이다. 일주일에 80시간 일했다고 과시하는 건 절대 라곰이 아니다. 일하는 시간과 일하지 않는 시간이 있다는 걸 아는 것이 바로 라곰이다. 시간 외 근무는 소중하지도 않고 필요하지도 않다. 오히려 당신이 스케줄과 시간 관리에 형편없음을 입증하는 증거가 될 수 있다.

일을 많이 하고 휴가를 내지 않으면 하려는 일이 무엇이든 결국은 무슨 일을 해도 의구심이 생기고, 동기부여는 결여되며, 고용

주에 대한 충성심도 식을 수밖에 없다. 라곰은 바로 그럴 때 완벽하게 어울린다. 라곰은 맡은 업무를 다 해낼 만큼 충분히 일하되 일을 너무 많이 하지 않는 것을 뜻한다. 그래서 휴식도, 재충전도, 즐기는 것도 절대 놓치지 않는다. 꽤나 단순한 접근 방식인데도 정작 우리가 선택할 수 있다고 느껴지지 않는 방식이기도 하다.

스웨덴 시스템에 대한 이야기를 들으면 다 좋다. 그런데 대부분의 사람들은 5주 연차 휴가는커녕 평균 미국인들이 갖는 연차 휴가보다도 빨간 날이 많지 않고 심지어 '바바'도 없는데 어떻게 일과 삶의 균형을 이룰 수 있을까? 아마도 야간 근무를 권장하는 지금의 사무실 문화에서 뭘 바꿀 수 있을까 하는 회의가 들 것이다. 그래도 우리가 갖는 시간이 오롯이 우리만의 것이라고 생각하고, 그 이상을 요구해라. 우리는 실질적으로 하고 싶지 않은 일들을 하느라 자유 시간을 자주 허비한다. 예를 들면, 토요일은 아이들을 차에 태우고 야외로 나가 다양한 활동을 하면서 보내야 한다. 때로는 우리도, 아이들도 그다지 썩 내키지 않을 때라도 말이다. 어떤 이유 때문에 우리는 종종 지금 이렇게 하는 게 맞나 하는 불안감에 사로잡힌다. 아이들과 그런 활동을 하지 않는다면 우리의 주말은 어떨까?

라곰스럽게 시간과 균형에 접근한다면 무얼 하면 좋을까? 글쎄, 토요일 아침에 침대에서 나와 바람 부는 테니스 코트에 서 있거나 지난주부터 줄곧 빨래 바구니 안에 들어 있던 운동복을 빠는 건 어떨까?

누구나 주말에 의무적으로 해야 할 일과 신경 써야 할 일들이 있다. 그건 피할 수 없는 일이다. 그래도 바깥 활동 가짓수를 줄이

고 대신에 가족과 함께하는 시간을 늘리려고 노력해보자. 스스로
에게 한 번 물어보자. 다가올 주와 주말이 진정 일과 생활과 가족
의 균형이 잘 잡힌 라곰인지. 그리고 자신의 본능이 뭐라고 대답
하는지 보자. 물론 어른이든 아이든 어떤 사람들은 해야 할 일이
많더라도 그 일을 즐기며, 그들에게는 그 일이 라곰인 경우도 있
다. 그렇지만 대부분의 사람들에게는 긴장을 풀고 균형을 찾기
위해 방해받지 않는 시간이 조금이라도 필요하다.

일하지 않는 시간은 가정과 가족, 자기관리
그리고 휴식을 위한 시간이어야 한다.

라곰 근무 시간 자율 선택제

스톡홀름에 거주하는 영국인 커뮤니케이션 전문가
콜린 문은 이렇게 평한다.
"스웨덴 사람들은 일과 삶의 건강한 균형을 찾는
일에 전념합니다.
그들은 자신들이 열심히 일한다고 말할 거예요.
단지 자리를 자주 비운다는 점이 문제죠.
그래도 직장에서 일할 때만큼은 대단히
효율적이랍니다.
하지만 근무 시간 자율 선택제를 활용하기 때문에
여덟 시 반 전에는 그렇지 않습니다.
그리고 오후 네 시 이후도 달가워하지 않고요.
유치원에 아이들을 데리러 가야 하니까요.
가급적이면 금요일 오후 두 시 이후도 삼가는 편이
좋습니다."

홈 스위트 홈

스웨덴 사람이 아닌 외국인들이 입증하듯이,
스웨덴 사람들은 개인적인 삶과 전문적인 삶을 따로
유시하려는 경향이 있다. 그런 모습이 처음에는 달갑지
않게 느껴질 수도 있다.
하지만 스웨덴 사람들은 여가 시간을 너무도
소중히 여기기 때문에 그 자체로 설명이 된다.
라곰 시간은 바깥에서 갖는 게 아니라 정말로 집에서
보내는 시간이다.
가정은 누구나 편히 쉬면서 기력을 재충전하는 장소다.
라곰이 커질 수 있는 장소다.

THE LAGOM WAY

나의 라곰 타임 찾는 방법

1 주중과 주말에 계획해놓은 활동량을 줄인다. 주말마다 하루는 자유 시간으로 남기려 노력한다. 그래서 나만의 라곰 타임을 찾는다면 기꺼이 가족과 함께 의미 있는 시간을 보낼 수 있다.

2 다섯 시 삼십 분 전에 사무실을 나오지 못하는 상황이어도 일단 평소보다 일찍 퇴근하면서 남은 하루에 어떻게 영향을 미치는지 알아보자. 정해진 시간에 퇴근해야 한다는 사실을 염두에 두면 우리는 더욱 효율적으로 일할 수 있다.

3 푹 쉰다는 건 효율적인 사람이 되고 스트레스를 적게 받는 중요한 비법이기도 하다. 적당한 시간에 잠자리에 들어서 평소보다 일찍 일어나도록 해보자. 정신없이 집을 뛰쳐나가는 대신 아침에 삼십 분만 여유가 생기면 하루가 더 길어진 느낌을 받을 수 있다. 이것은 스스로 강해지기 위한 작은 시작이다. 아직 날이 밝지 않았다면 초를 켜고 제일 좋아하는 머그잔에 차를 한 잔 마시는 특별한 시간을 만들어보자.

4 한 주를 보내는 동안 여러 가지 활동을 하고 약속한 책무를 이행하면서 라곰을 찾고 있는지 스스로 생각해보자. 아마도 사회생활을 약간 다르게 조정할 수 있을 것이다. 북클럽은 라곰 활동의 좋은 사례. 친구들을 만나 누군가의 집에서 사교 활동을 즐기면서 독서하는 시간도 가질 수 있다. 산책하기, 어쩌면 자연 속을 거니는 일은 라곰 타임을 즐기는 완벽하게 조화로운 방법이다. 특히나 거기에 피카를 곁들인다면 더할 나위 없다.

CHAPTER 3 라곰과 함께하는 시간

92

Lagom and food

CHAPTER **4** 라곰스럽게
먹는다는 것

요리의 초점을 소박함과 영양에 맞추면
사람들은 다시 요리를 시자해볼
용기를 느낀다.

제철 음식과 똑똑한 식사

라곰의 나라인 스웨덴은 사실 기가 막힌 별미로 유명한 나라는 아니다. 스웨덴 사람들이 갖고 있는 건 가공하지 않은 환상적인 원재료와 진짜배기 전통 음식이다. 예를 들어 크리스마스에 우리는 맛있는 음식을 실컷 먹고 라곰은 잠시 잊는다. 그날은 반드시 먹어주어야 하는 전통 음식들을 포함하여 쉴 새 없이 먹는 날이다. 해마다 그 시기가 되면 국가에서 허가를 받은 주류 판매점 시스템볼라겟Systembolaget 입구의 벨이 딸랑댄다.

스웨덴에서는 계절별로 그리고 지역별로 음식에 초점을 맞춘다. 우리는 먹거리를 찾아다니는 일을 좋아한다. 여기엔 우리가 좋아하는 두 가지 일, 즉 야외에서 시간을 보내는 일과 먹는 즐거움이 모여 있기 때문이다. 흔히 취미 삼아 양동이 하나를 챙겨 들고 가방에 피카를 조금 담은 다음, 숲속에서 산딸기와 버섯을 딴다. 대부분의 스웨덴 사람들은 고전적인 채집 요리 몇 가지는 할 줄 안다. 가령, 베리 크럼블berry crumbles이라든가 네틀 수프nettle soup(쐐기풀 수프) 같은 음식 말이다. 어렸을 때부터 나는 이런 요리에 대한 추억이 많다. 밖에 나가서 링곤베리(월귤)나 블루베리를 따던 일이며, 더 어둡고 울창한 숲속으로 버섯을 따러 가는 아빠를 터덜터덜 따라가던 일. 빽빽한 숲속으로 악착같이 뚫고 들어오던 햇빛, 바짝 마른 솔잎들로 뒤덮여 있던 숲길 바닥.

그곳에 가면 '숲속의 황금'이라고 불리는 샹트렐(살구버섯)도 찾을 수 있다. 아마도 나는 양말이 젖어서 축축하다든가 양동이가 무겁다고 투덜대기도 했던 것 같다. 그런데 그때 이끼로 뒤덮인 바위 밑에 숨어 있던, 금처럼 반짝반짝 빛나는 버섯이 보였다. 고생한 보람이 있었다. 샹트렐을 보는 순간, 버터에 볶아 숲과 가을비의 향내 그윽한 버섯 요리를 보상으로 먹을 수 있다는 걸 알았으니까.

푸드&프렌즈Food&Friends(스웨덴 정보통신 단체)에서 발표한 2016년 보고서에 따르면, 스웨덴 국민 다섯 명 중 네 명은 요리에 관심이 있다고 말하지만, 전체 레시피 중 62퍼센트는 똑같은 열 가지 레시피였다고 한다. 어느 채식주의자는 그중 여덟 가지나 만들었다는데, 이건 우리가 건강과 환경에 더 초점을 맞추고 있다는 신호인지도 모른다. 우리가 먹는 음식은 입에만 좋은 맛이 아니라 영혼에도 좋은 맛을 낼 필요가 있다.

음식이 만들어낸 라곰 웨이

스웨덴 유행어 중 하나로 '클리마츠마르트klimatsmart'라는 말이 있다. 이 말은 '기후를 생각하는 똑똑한 식사'라는 뜻이다. 즉, 식재료를 선택할 때 환경을 생각한다는 의미다.

스웨덴 농부 협회 사업개발부의 마리 뢰네스코그 호그스타디우스는 "스웨덴 사람들은 국산 고기를 사는 것도 기후를 위해 각자

기여하는 라곰이라고 생각합니다. 고기를 생산하는 방식에 책임이 있기 때문이죠. 예를 들어, 우리 농부들은 유럽에서 항생제를 가장 적게 사용하고 야외 방목 사육을 합니다. 야외 방목 사육은 탁 트인 생생한 풍경을 유지하는 데에도 기여합니다. 복잡하지도 않죠. 간단한 선택이에요. 그게 바로 라곰이죠"라고 말한다.

그런데 "이거 유기농·친환경·공정무역 상품인가요?"라거나 "이거 초지 방목육인가요?" 또는 "이거 글루텐 프리에요?"라는 질문들은 때로 대답하기 난감할 때도 있다. 가족을 먹일 방법이 오로지 이 방법밖에 없다고 느끼기 시작하면 피곤할 수 있고, 그렇게 되면 그건 라곰이 아니다. 환경을 고려하는 일이 인류에게 아무리 최우선 사항이라 해도 정말로 그 생각만 하면서 살고 싶은가? 가끔은 라곰에 대해서 지나치게 라곰스러워질 수도 있다. 최근에 나는 주중에 모아놓은 플라스틱 쓰레기 전부를 재활용할 수 없다는 사실에 실망한 직이 있었다. 그래서 짬이 날 때 언제든 지역 재활용 센터에 가져갈 수 있도록 차에 실어두었다. 평소에는 재활용 센터까지 잘 안 가기 때문이다. 그런데 결국은 생각만 하다가 나머지 쓰레기와 함께 그냥 버렸다. 그리고 나의 라곰은 그 정도까지만 하기로 선택했다.

라곰스럽게 맛내기

최고의 재료를 갖고 있다면 복잡하게 요리할
필요가 없다. 그 자체로 스칸디나비아 요리의
풍미를 충분히 보여줄 수 있으니 말이다.
산림토목 기술자인 카린 뫼르크는 이렇게
말한다.
"라곰은 종종 우리가 음식에 양념하는 방법을
설명하기도 합니다. 양념은 딱 라곰이어야 하죠.
전형적인 스웨덴 양념은 상당히 부드럽습니다.
소금, 후추, 아니스 씨, 딜과 파슬리 같은 허브,
카다몬, 바닐라, 한마디로 새콤달콤한 맛이죠.
하지만 우리는 원재료의 풍미가 그대로 빛을
발하게 놔두는 편이에요, 말하자면요."

스칸디나비아에서만 백만 부 넘게 팔린 전설적인
요리 관련 도서 작가 안나 베르겐스트룀은 이렇게
말한다.
"……라곰이라는 말을 아주 좋아해요.
우리말에 존재한다는 사실만으로도 행복해지는
단어죠. 애써 자세히 설명하지 않아도 많은 걸
이야기해주는 말입니다."

덜 사고 덜 버리기

스웨덴 환경보호청에서 실시한 조사 결과에 따르면 모든 음식 쓰레기의 70퍼센트가 집에서 발생한다고 한다. 나는 다른 나라도 이와 비슷하리라 생각한다. 반면에 스웨덴 사람 네 명 중 한 명은 지금보다 더 자주 직장에 도시락을 가져가려고 한다. 나는 여기에 모순이 있다고, 우리가 메워야 하는 간극이 있다고 생각한다. 음식을 너무 손쉽게 구할 수 있다 보니 살짝 데친 채소나 시들해 보이는 버섯을 내다 버리는 문제로 우리는 고민하지 않는다. 하지만 그 채소들이 어디서 왔을까 하는 문제에 조금 더 마음을 쏟는다면, 그걸 심고 운반하는 과정이 환경에 어떠한 영향을 미치는지, 채소를 키우고 그 채소로 요리하는 데 얼마나 많은 노력을 기울이는지 새삼 존경심을 느끼게 될 것이다. 설령 그 사람이 바로 우리 자신이라 하더라도.

나는 농장에서 자랐고, 우리가 먹는 대부분의 음식은 토산물이었다. 정원에서 딴 과일, 겨우내 우리 집 맞은편 밭에서 캐온 감자와 당근, 숲에서 딴 산딸기로 만든 잼, 우리 집 소에서 직접 짠 우유, 아빠가 키운 돼지로 만든 햄 같은 음식 말이다. 우리 집에서 음식을 버리는 건 거의 죄악에 가까울 정도로 무례하게 여겨졌다. 아마도 내가 유독 이상적인 환경에서 자라서 그런지도 모르지만, 우리 모두 한 끼 식사를 귀하게 생각하고 그 시간을 다함께 시간을 보내는 방법으로 여기면 좋겠다.

라곰 요리는 한 식탁에 둘러앉은 우리 모두를 위해 음식을 만든다는 의미지만 대단한 노력이 필요한 건 아니다. 그저 아끼는 마음을 보여줄 수 있을 정도면 충분하다. 물론 전자렌지 버튼만 누른다고 되는 일은 아니다. 대신에 최소한의 준비 과정으로 맛있는 음식을 만들기 위해 믿을 만한 출처에서 온 좋은 재료로 음식을 구상한다. 그리고 한 번 먹을 만큼의 양만 만든다.

장을 보러 가거나 요리 계획을 세울 때는 주중에 해야 할 다른 일들도 생각해서 요리 시간이 오래 걸리는 음식은 여유가 있는 주말로 미루자. 주중에 하는 모든 활동을 한눈에 볼 수 있는 스케줄표를 주방에 하나 만들어놓는다. 그리고 매일 어느 정도의 시간을 요리에 들여야 하는지 그리고 어떤 간식이 필요한지 생각해본다. 그러면 돈도 절약할 수 있고 음식 낭비도 줄일 수 있다.

가급적이면 제철 음식을 먹도록 하자. 그것이 환경에도, 은행 잔고에도, 우리 몸에도 좋다. 쌀 때 몰아 사서 냉동하거나 피클을 만들거나 잼을 만든다. 세비야 오렌지 마멀레이드Seville orange marmalade 한 단지면 일 년 내내 든든하다. 크래커 브레드cracker bread(일명 플래트 브레드flatbread라고도 한다 – 옮긴이)에 치즈를 올려서 함께 먹으면 더할 나위 없이 완벽한 스웨덴 간식이다.

복잡한 요리를 준비하느라 시간을 허비하기보다는 함께 둘러앉아 식사를 즐기는 편이 훨씬 낫다는 사실을 명심하자. 소박하고 좋은 식재료를 마련해두고, 몇 가지 기본적인 요리법을 비장의 무기로 갖춰두면 스트레스를 최소화할 수 있다. 허브를 키우면 요리에 흥미를 돋우는 데 정말 도움이 된다. 바질, 오레가노, 차이브, 파슬리는 양지 바른 창문턱에서도 텃밭에서 자라는 것처럼 잘 자란다. 꽃을 피우기 전에 신경 써서 잘라주기만 하면 독특한 풍미를 가미할 수 있다.

좋은 식재료

돈과 시간을 절약하기 위해 간단한 식재료로
검소하게 요리하는 일은 사실 별 것 없다.
고전이 된 스웨덴 요리책 《카이사의 요리책
Kajsa's kokbok》에서는 음식을 낭비하지 않고,
돈을 절약하고, 식단을 구상하라고 하면서
간소하지만 좋은 식재료의 중요성을 강조한다.
애초의 동기는 재료 부족에서 비롯되었을지 몰라도
감성은 그대로다.
이 책에서는 음식의 신선도, 가령 바로 전날 잡은
생선과 이틀 전에 잡은 신선하지 않은 생선 사이의
맛 차이도 주목한다.

라곰 요리법을 배우면 낭비를 줄일 수 있다.
궁극적으로 라곰은 절제와 균형에 관한 것이다.

정보도 딱 좋을 만큼만

물론 스웨덴에서도 별난 음식이 유행하기도 하고 패스트푸드 레스토랑도 있다. 비만 문제 역시 언론에서 꾸준히 논란이 되고 있다. 하지만 그보다는 간소한 요리와 기본 기술에 관심이 더 크다. 스웨덴의 미슐랭 스타 셰프 마티아스 달그렌의 저서 《헴쿤스캅 Hemkunskap(가정학과)》이 거둔 성공이 이를 보여준다. 그는 주방에서 보내는 라곰 타임은 절대로 길어선 안 된다고 넌지시 말한다. 물론 너무 적게 써도 안 된다.

마티아스 달그렌은 요즘 어느 때보다도 음식에 관해 많이 알고 있지만 오히려 기본 기술은 서서히 사라진다고 지적한다. 그래서 집밥 요리의 기본 기술마저 혼란스러울 수 있다(아이들은 열여섯 살이 될 때까지 가정학을 배우긴 하지만). 우리는 말 그대로 어디서나 전해지는 요리법과 세계 방방곡곡에서 오는 식재료들로 폭격을 당하고 있다. 매일 저녁 누구나 미슐랭 셰프라도 되어야 하는 압박감을 받는데, 그건 절대 라곰이 아니다. 그렇게 되면 너무 부담스러울 수 있고 자칫 자신이 무능하다는 느낌마저 받을 수 있다.

중요한 건 우리의 한 주가 남들에게 어떻게 보이면 좋을까 하는 생각보다 실제로 어땠으면 좋을지에 대한 생각으로 한 주를 계획하는 것이다. 어떤 때는 저녁에 요리할 시간이 없을 수도 있다. 그럴 때 양심의 가책을 느끼지 말고 그냥 그대로 받아들이는 편이 좋다. 그렇게 바쁜 저녁은 냉동실에 비상용으로 넣어둔 뭔가를 찾아서 간단히 데워 먹거나 곧바로 먹을 수 있는 재료가 필요한 날이다. 달걀 몇 개라든지 찬밥이나 완두콩 정도는 있을 것이다. 그 정도면 저녁 한 끼로 충분하다. 그런 날은 하루에 정해진 영양분을 모두 섭취한다 해도 걱정하지 말자. 어쩌다 한 번

먹는 엉성한 식단보다 스트레스가 건강에 문제를 더 일으킨다고
한다. 우리의 추억으로 간직되는 순간은 대개는 함께 보냈던 사
랑 가득한 순간들이다. 비르제르 형부가 한 번은 이런 말을 했
다. 나는 그 말을 두고두고 잊지 않고 있다가 뭔가 걱정스러울
정도로 라곰스럽지 않을 때 그 말을 써먹곤 했다.

"적어도 지금 우린 함께 있잖아."

소박하게 정답게

스웨덴에서 가장 사랑받는 요리책 저자
안나 베르겐스트룀은 자녀들이 어렸을 때를
이렇게 회상한다.
"……우리는 간소한 수프를 많이 먹었다. 때로는
렌즈콩 수프였지만 늘 빵을 곁들여 먹었다.
중요한 건 우리가 함께 오손도손 둘러앉아 저마다
그날 있었던 일들을 주고받을 시간이 있다는
사실이었으니까."
안나는 자신의 목적을 이렇게 설명한다.
"……거창한 요리는 아니어도 누구나 내 요리법을
그대로 따라할 수 있도록 만드는 것이다."

휴식을 취하다

피카를 빼놓고는 라곰과 음식 이야기를 할 수 없다. 스페인에는 '메리엔다merienda'라는 간식 타임이 있고 영국에는 오후 티타임이 있다. 하지만 다섯 살 엘렌부터 아흔 살의 퇴직한 은행 매니저 아른까지 누구나 이해할 수 있는, 재충전과 더불어 마음의 안정까지 찾을 수 있는 순간을 적절하게 묘사한 단어는 세상 어디에도 없다. 프리티즈fritids(방과 후 돌봄 프로그램)에서 일하는 영국 출신의 제니 러브데이는 일터에서 재량껏 피카 타임을 갖는다고 한다. 물론 연령별 그룹마다 최소한 직원 한 명씩은 반드시 남아있도록 하거나 아니면 아이들이 노는 방으로 피카를 가져오기도 한다. 결코 아무도 손해 보지 않는다. 남은 직원들은 아이들을 돌볼 다른 사람이 있을 때 휴식을 취하면 되니까. '프리티즈'에서 아이들을 위해서도 피카 타임이 필요할 때가 있다는 설명을 들으면 피카 타임이 재충전의 시간이고 마음의 안정을 찾는 방법이라는 사실을 다시 한 번 떠올리게 된다.

"……아이들이 실내보다 실외에서 많이 놀았을 때나 그룹 내에 뭔가 꺼림칙한 긴장감이 느껴질 때가 있죠. 그럴 때 피카는 리셋 버튼처럼 작용해서 모두 한자리에 모여 몇 분간 편안하게 휴식을 취할 수 있게 해주거든요."

그렇다. 우리는 누구나 스트레스를 받을 때 다시 마음의 안정을 얻기 위한 방법을 찾는다. 특히 커피를 마시면서 '카넬불레 kanelbulle(시나몬 롤)'를 함께 곁들여 먹을 수 있다면. 스웨덴식의 만다라 '일을 한 다음에는 피카와 점심을' 잊지 말자. 다음 근무일에는 이 말을 주문처럼 마음속으로 되뇌어보자. 장담컨대 '클라드카카kladdkaka(가운데 부분이 부드럽고 쫀득한 초콜릿 케이크)'만 가져가도 다 함께 즐겁게 시간을 보낼 수 있다. 일단 일터에서 취하는 잠깐의 휴식이 실제로 더 능률적이라는 사실을 깨닫기만 하면 결국엔 다들 그렇게 할 수밖에 없다.

달콤한 원동력 피카

매일 과자를 실컷 먹고 커피를 잔뜩 들이붓듯 마시는 일이 어떻게 건강하다는 건지 의아해하는 사람도 있을 것이다. 실제로 온종일 뭔가를 먹으면서 규칙적으로 짧은 휴식을 취하는 게 생각보다 훨씬 건강에 도움이 되는 것 같다. 연구 결과에 의하면 규칙적으로 쉬면서 포도당을 섭취하면 뇌의 기능이 더 원활해진다고 한다. 뇌는 체중의 2퍼센트를 차지하지만 신체 에너지의 20퍼센트를 사용한다. 그러니 가만히 생각만 해도, 눈과 귀를 쓰고, 스트레스와 싸우고, 해내야 하는 모든 업무들을 잊지 않으려 애를 쓰는 것만으로도 우리는 많은 에너지를 쓰는 셈이다. 이 연구에서는 포도당 수치가 낮으면 자기 조절에 실패할 가능성이 높다는 것을 알려준다. 그러니 오후 세 시에 피카 타임을 가지면 도넛 가게나 세일하는 옷 가게를 과감히 지나칠 수 있을 것이다. 피카 간식은 실제로 뇌가 올바른 선택을 내릴 수 있도록 도와주기 때문이다.

사실 거기엔 라곰스러운 뭔가가 있다. 필요할 때 충동에 저항할 수 있고, 검소하게 절약할 수도 있으며, 감정도 다스린다. 그러면서 기분도 꽤 좋아진다.

피카에 항복하다

심해 생물학자인 아우툰 푸르세르는 스웨덴 서쪽
연안에서 조금 떨어진 섬 셰르뇌에 있는 해양
연구소에서 일할 때 피카 타임을 즐겼다고 한다.
"연구소 직원 전체가 현대적인 구내식당 아니면 전망
좋은 코스테르 피오르드Kosterfjord(스웨덴의 서쪽 해안 – 옮긴이)
옆 피크닉 벤치에서 만나곤 했습니다.
다 함께 커피도 마시고, 케이크를 먹으면서 수다도
떨고, 어떤 동물을 잃은 일을 위로하기도 하고, 실험
이야기나 지원금 신청서 이야기도 하면서 말이죠.
우리처럼 정직원이 아닌 사람들에게는 여느 오후
휴식과 마찬가지로 즐거운 시간이었답니다.
하지만 다른 사람들, 특히 내부 경쟁이 치열한
기관처럼 고도의 압박 속에서 근무하는 사람들에게
그렇게 일의 흐름을 끊는 휴식은 감원의 원인이나
다름없었죠."

엘더플라워 코디얼

플레데르블롬사프트
fläderblomssaft

이 음료는 우리 엄마가 종종 만들어주시던 음료와 흡사하다. 탄산음료나 스파클링 워터를 넣어 희석시켜 근사한 청량음료를 만들어 마신다. 혹은 물을 타지 않고 그대로 요리에 사용하면 된다. 활짝 핀 엘더플라워(딱총나무꽃)를 꺾는다. 코디얼을 만들 시간이 없으면 꽃을 냉동시켰다가 한겨울에 만들면 된다. 코디얼을 얼릴 때는 설탕 함유량을 줄여도 좋다.

넉넉히 2리터 만들기

엘더플라워 꽃송이 25개
깨끗이 씻은 레몬 3개
정제당 1.5kg
끓인 물 5컵(1.2ℓ)
구연산 55g

1 엘더플라워를 잘 흔들어서 벌레가 남아 있지 않도록 깨끗이 만든다(나중에 쓸 목적
으로 꽃을 냉동시킬 때는 반드시 이 과정을 먼저 헤야 한다). 꽃을 깨끗한 양동이나 넓은 볼
에 넣고 얇게 저민 레몬을 추가한다.

2 팬에 물과 설탕을 넣고 약한 불에 설탕을 녹인다. 구연산을 추가해 부드러운 시럽
을 만들어서 조심스럽게 엘더플라워와 레몬 위에 붓는다. 깨끗한 천으로 덮어서
2~3일 정도 놔둔다.

3 모슬린이나 무명천을 씌운 체를 커다란 주전자나 항아리 위에 걸쳐서 코디얼을
걸러낸 다음, 살균한 병에 따라놓는다. 코디얼을 냉장고에 보관하거나 지퍼백에
담아서 얼린다.

네틀 수프

네셀소파
nässelsoppa

어렸을 때 안나 키린 인니와 함께 이 고전적인 수프를 만들겠다
고 애기 쐐기풀을 따던 생각이 난다. 애기 쐐기풀은 돌아온 철새
들이 지저귀는 소리, 피어나는 숲바람꽃(우드 아네모네)이나 싹 트
기 시작한 나뭇잎처럼 봄이 성큼 다가왔음을 알려준다. 쐐기풀
을 딸 때는 갓 돋아난 새싹이나 맨 윗부분에 있는 새싹들(꼭대기
에서 10cm 가량)을 고르는 게 좋다. 쐐기풀이 크면 섬유질은 풍부
하지만 맛은 그다지 좋지 않기 때문이다. 길가 멀리 떨어진 곳에
서 자라나는 쐐기풀을 따서 잘 씻는다. 쐐기풀을 구하기 힘들면
시금치로 대신해도 된다.

4인분

네틀(쐐기풀) 250g
닭고기 육수나 채소 육수 또는 물 6¼컵(1½ ℓ)
버터 3스푼
잘게 자른 양파 2개
다목적 밀가루 3스푼
갓 갈아놓은 너트맥(육두구)(선택)

천일염과 갓 갈아놓은 후추
더블크림 3½스푼(50㎖)(선택)
장식용 차이브(골파)

1 쐐기풀을 접시에 담고, 물을 골고루 뿌려서 잘 헹구어준다. 두꺼운 줄기 부분은 다 버린다.

2 물기를 빼서 넓은 팬에 담고 물을 채운다. 끓는 물에 15분간 푹 삶아준다. 온기를 유지한 채 잠시 두어 물기를 뺀다. 그다음에 찬물로 헹군다(녹색을 싱그럽게 유지하는 비법이다). 잘게 썰어서 옆에 둔다.

3 팬에 버터를 녹인 다음에 양파를 넣어 부드럽게 익힌다. 팬에 밀가루를 부어 휘저어주면서 걸쭉하게 만든다.

4 걸쭉해진 밀가루에 따뜻하게 해둔 육수를 넣고 뭉치지 않도록 잘 저어주면서 몇 분 동안 익힌다. 잘게 썰어둔 쐐기풀을 넣고 너트맥, 소금, 후추로 간을 한다. 크림을 쓰고 싶으면 넣은 후 10분 동안 끓여준다.

5 부드러운 수프를 원하면 믹서기를 사용한다. 핸드 믹서기는 힘이 약할 수 있다. 잘게 썬 차이브를 풍부하게 곁들여서 수프를 내놓는다.

6 든든한 한 끼를 원하면 삶거나 찐 달걀 또는 반숙 달걀을 수프 그릇에 함께 담아 내놓으면 된다. 달걀의 색깔이 쐐기풀의 녹색과 대비를 이루어 잘 어울린다. 부피감을 더하고 싶다면 쐐기풀을 추가할 때 잘게 썬 감자를 넣어도 좋은데, 이때는 감자를 먼저 익혀서 넣어야 한다. 잘게 갈은 페타 치즈나 바삭한 베이컨 또는 잘게 썬 훈제 연어를 토핑으로 얹어도 훌륭하다.

블루베리 수프

블로베르소파
blåbärsoppa

나는 야외에서 블루베리 수프를 마시곤 했다. 특히 겨울에 보온 병에 담은 블루베리 수프를 병째 마시다가 너무 뜨거워서 걸핏하면 입술을 데곤 했다. 요즘은 대개 한 갑씩 수프가 들어 있어서 뜨거운 물을 부어 흔들어주기만 하면 된다. 속을 든든하게 채워주어서 기운도 나고 몸을 따뜻하게 덥혀주니 하이킹을 갈 때도 그만이다. 이 레시피는 베리 종류가 제철일 때 만들면 완벽하다. 물론 냉동된 것도 괜찮다. 나는 야생 블루베리인 빌베리 billberry보다 더 달콤한 블루베리에 레몬즙을 약간 추가한다. 레몬의 새콤함이 더해지면 빌베리 맛과 비슷해진다.

4인분

블루베리 3¾ 컵(500g)(신선한 것이나 냉동)
설탕 4스푼
감자 전분 2스푼
신선한 레몬즙 1스푼

1 물 50㎖(2컵에 2스푼 더)와 블루베리를 팬에 넣고 5분간 끓인 다음 설탕을 추가해
  설탕이 완전히 녹을 때까지 더 끓인다. 설탕이 다 녹으면 불을 끄고 열기를 식
  힌다.

2 감자 전분을 찬물 2스푼에 넣고 전분이 다 풀어져 블루베리 속에 서서히 섞여들
  때까지 덩어리지지 않게 휘젓는다. 팬을 다시 불에 올려 은근한 불로 데운다. 이
  때 끓는점까지 가지 않도록 해야 한다. 그렇게 되면 질감이 질척거릴 수 있다. 수
  프의 농도는 가벼운 크림 정도가 적당하다. 너무 걸쭉하다 싶으면 물을 조금 넣으
  면 되고, 묽다 싶으면 블루베리를 약간 더 넣으면 된다. 마지막으로 레몬즙을 넣
  고 불에서 내린다.

3 핸드 믹서기나 블렌더로 수프를 섞어준다. 뜨겁거나 따뜻할 때 내놓는다. 또는
  내놓기 전에 수프를 냉장고에 넣어 차갑게 식혔다가(일주일 정도는 냉장보관해도 된다)
  아침에 오트밀을 먹을 때 위에 얹어 먹거나 요구르트나 아이스크림 위에 부어 먹
  어도 좋다.

여름과일 크럼블

스물파이
smulpaj

갑자기 손님이 찾아왔을 때 후다닥 만들 수 있는 요리다. 피카용 라곰치고는 고급스럽지만 그래도 라곰이다. 여기에는 냉동 베리 (레드 커런트, 라즈베리, 블랙 커런트 또는 블랙베리 같은)가 정말 잘 어울린다. 사과나 루바브(대황)도 좋다. 이중 과일 층 위에 토핑을 얇은 층으로 덮는다.

4~5인분

다목적 밀가루 1⅓컵(180g) (또는 케이크 믹스 1컵에서 1½스푼 덜어낸 양과 포리지 오트밀 ⅔컵 또는 60g)
베이킹파우더 ½티스푼(선택)
그래뉴당(과립당) 또는 정제당 ½컵(100g)에 여분의 과일용 설탕 3스푼
차가운 버터 1스푼(125g), 기름 두를 때 쓸 여분의 버터 약간
혼합 베리(레드 커런트, 블랙 커런트, 블랙베리, 라즈베리, 딸기, 씨를 발라낸 체리) 1¾컵~3¾컵
또는 250~500g 정도, 신선한 것도 좋고 냉동도 좋다.

1 오븐을 175℃로 예열한다. 직경 25cm 크기의 동그란 오븐용 용기에 기름을 두른다.

2 볼에 밀가루(또는 밀가루와 오트밀 믹스), 혹시 사용한다면 베이킹파우더, 설탕과 버터
   를 한데 넣고 작은 덩어리가 질 때까지 버무린다. 덩어리가 너무 작아지지 않도록
   조심하고, 토핑은 바삭해야 하므로 질감이 말랑한 빵처럼 되지 않도록 한다.

3 베리류에 설탕 3스푼을 섞어서 오븐용 용기에 담는다. 밀가루와 버터 섞은 것을
   위에 덮고 미리 예열된 오븐에서 30분 정도 굽는다. (취향에 따라 이 부분을 미리 준비
   해도 좋다. 그다음에 7~8분 정도 다시 덥히면 된다.) 바닐라 아이스크림이나 약간의 휘핑
   크림과 함께 내놓는다.

스웨덴식 베리 디저트

요르드굽스크렘
jordgubbskräm

이 디저트는 어느 때 먹어도 좋다. 어릴 때 냉장고나 스토브 위에 늘 이 디저트가 한 접시씩 놓여 있었다. 나는 디저트가 따뜻할 때 위에 차가운 우유를 붓고 잘게 부순 스웨덴식 크래커 브레드(플래트 브레드라고 하는 얇은 웨하스 크래커 – 옮긴이)를 얹어서 함께 먹는 걸 좋아했다. 제일 좋아하는 맛은 주로 체리였다. 우리 집 마당에 있는 체리 나무에서 2년에 한 번씩만 체리가 열렸기 때문이다. 그 당시에는 딸기와 라즈베리도 좋아했다. 아, 그리고 구스베리(서양까치밥)도 좋아했다. 최근에 이 요리법을 재발견했다. 요즘은 내 아이들을 위해 종종 만들어주고 있다. 한동안 이걸 왜 안 만들어 먹었는지 모르겠다. 이 디저트는 여름에 특히 별미다.

4인분

베리 1¾컵 또는 250g(딸기, 라즈베리, 블루베리, 씨를 발라낸 체리 – 혼합도 괜찮고 한 종류만 해도 괜찮다)
그래뉴 슈가 ½컵 또는 100g
감자 전분 2스푼

1 팬에 베리를 담고 물 1¾컵 또는 400㎖를 부어 10분간 은근한 불에 끓인다. 불을
  줄이고 설탕을 넣은 다음 설탕이 녹을 때까지 몇 분 더 은근히 끓인다. 설탕이 다
  녹으면 불에서 내린다.

2 물 4스푼에 감자 전분을 섞고 베리를 서서히 부어 뭉치지 않도록 잘 저어준다.

3 팬을 다시 불에 올려 끓기 직전까지 두되 끓지 않도록 한다. 끓을 때까지 두면 얇
  은 젤리처럼 될 수 있다. 담아낼 그릇에 붓는다.

4 따뜻할 때 위에 부어 먹을 우유와 함께 내놓는다. 곧바로 먹을 게 아니라면 윗부
  분에 더께가 생기지 않도록 접시로 덮어둔다.

먹는 것에 대해 라곰스러워지기

1 냉동실을 잘 활용하자. 냉동실에 음식을 넣을 때는 라벨을 꼭 붙인다. 그래야 딸기가 먹고 싶을 때 고추를 꺼내는 일이 안 생긴다. 허브나 크림, 코코넛 밀크를 얼릴 때는 얼음 트레이를 활용한다. 점이 생긴 오래된 바나나는 얼려두었다가 나중에 아이스크림을 만들 때 쓰거나 스무디에 넣으면 좋다. 엘더플라워 코디얼을 만들거나 지퍼백에 담아서 얼리는 것이 음식을 버리지 않는 안전한 방법이다.

2 채소는 시들기 전에 살짝 데쳐 놓는다. 샐러드용 채소와 녹색 채소는 잘 씻어서 밀봉된 백에 담아 냉장고 신선칸에 넣어두면 신선하게 오래 보관할 수 있다. 파슬리가 너무 많다면 나중에 쓸 수 있도록 잘게 썰어서 병에 담아 냉동실에 보관한다.

3 음식에 대해서도 기후에 영리한 소비자가 되자. 세계 각지에서 수입한 비싼 식재료는 건너뛴다. 뒤봐야 절대 안 먹는다. 꿀이나 감자는 인근 지역산으로 고르고, 베리는 야생에서 따오고, 수프로 만들 쐐기풀은 봄에 딴다. 제철 식재료가 뭐가 있는지 확인해서 적절하게 요리하자.

4 주간 식단 계획표를 미리 세워두면 낭비를 막을 수 있다. 주중에는 간단한 식사 위주로 계획하고, 하루는 잔반 처리하는 날로 정한다. 그리고 새로운 레시피나 복잡한 레시피는 시간 여유가 있는 주말로 미룬다.

5 양배추는 채 썰어 소금을 뿌려 사우어크라우트(잘게 썬 양배추를 발효시켜 만든 시큼한 맛이 나는 양배추 절임 – 옮긴이)를 만든다. 병에 담아 보관하면 일 년 내내 비타민 C를 신선하게 유지할 수 있다.

Lagom and home

CHAPTER **5**   라곰을
————————
집으로 초대하다

"집은 죽지 않는다.
모든 생명체와 마찬가지로
끊임없이 변화하면서
자연의 법칙에 따라 살아간다."
– 칼 라르손

계절별 스타일

스웨덴 예술가 칼 라르손이 남긴 말은 계절에 따라 스웨덴의 집이 변하는 과정을 잘 묘사한다. 칼 라르손과 그의 아내 카린은 20세기 스칸디나비아 디자인에 영향을 준 홈스타일을 만들어냈다. 두 사람의 홈스타일 특징은 꾸미지 않은 수수함과 친근함, 아늑함 그리고 화사함이다.

지속 가능성과 검소함 그리고 일과 삶의 균형을 정의하는 것 외에도 라곰은 우리가 가정에서 살아가는 방식도 결정한다. 라곰은 우리와 우리의 환경에 맞는 방식을 찾아내는 것과도 관련되기 때문에 집 안의 실내장식, 어떤 점에서는 실외에도 쉽게 적용할 수 있다. 스칸디나비아에서는 계절과 더불어 살아가면서 적절히 실내를 꾸민다. 목적은 내부와 외부의 균형을 맞추는 것이다.

예를 들면, 낮이 짧은 겨울에는 일반 양초와 티라이트 캔들, 보티브 캔들(봉원초)을 잘 비축해둔다. 어두운 구석이나 창가는 행잉 램프나 스탠딩 램프로 밝히고, 현관 밖에는 양초가 담긴 넓은 랜턴을 놓는다. 앞으로는 집에서 더 많이 일하고 더 많이 자면서 더 아늑한 시간을 보내게 될 것이다. 그곳에서 우리가 얼마나 많은 시간을 보내는지 알고 있으니까 말이다.

스톡홀름에 있는 스웨덴 침대 브랜드 헤스텐 베스Hästen Beds의 샤를로타 앤더슨은 가을에는 아늑한 아이템을 구매하려는 경향

집은 단순히 잠을 자는 공간 이상으로
훨씬 더 소중한 장소이다.

이 확연히 눈에 띈다고 한다.

"네스팅족(가정의 화목을 중시하고 집 안 가꾸기에 열중하는 사람들을 뜻하는 신조어 – 옮긴이)의 성향이 보이죠. 담요와 장식용 쿠션이나 베개, 양초, 그밖에 집을 아늑하고 따뜻하게 만들 소품들을 더 많이 사거든요. 이 시기는 사람들이 침구류를 바꿀 계획을 세우는 계절이죠."

봄이 되면 정반대의 현상이 나타난다. 사람들이 '잠에서 깰' 시기라고 샤를로타는 말한다.

"사람들은 봄 세탁을 하고, 주변의 직물을 바꾸고, 인테리어를 최신 아이템으로 바꾸면서 집 안을 산뜻하게 꾸미고 싶어 합니다."

계절과 함께 변화가 시작된다. 낮이 점점 길어지면 틈나는 대로 햇빛을 향해 고개를 돌린다. 가능하면 햇빛이 더 많이 들도록 남향 외측벽(쇠데르베겐söderväggen)을 찾기 시작한다. 스칸디나비아 사람들은 빛에 살고 빛에 죽는다! 우리 언니는 볕이 가장 좋은 적절한 지점을 찾는 데 명수다. 그것도 재능이다.

춥고 이두운 계절 동안 겨울잠을 자다가 따스한 햇볕이 비출 때 천천히 일어나서 배터리를 재충전하고 싶은 마음이 드는 건 자연스럽다. 나는 부모님이 집 안 벽지를 새 걸로 바꾸시는 모습을 본 기억은 없다. 하지만, 엄마가 매년 봄가을과 부활절과 크리스마스에 주방과 기실의 커튼을 바꾸시던 모습은 생각난다. 크게 힘들이지 않고도 실천할 수 있는 이런 라곰스러운 방식으로 엄마는 집 안을 화사하게 만들고 계절이 수월하게 흘러가도록 만드셨다. 물론 대부분의 사람들은 번갈아 돌아가면서 쓸 만큼의 드레이프를 갖고 있지 않다. 하지만 계절에 따라 몇 가지 소품들을 새로운 것으로 바꾸고 바깥 날씨에 따라 자연을 집 안으로 들여올 수 있다는 건 꽤나 위안이 된다.

호랑가시나무와 담쟁이덩굴

간단한 아이디어로 집 안에 자연스러움과 아늑함을 불어넣을 수 있다.

이런 게 필요해요

기다란 호랑가시나무 가지 몇 개. 열매가 달린 가지면 더 좋다.
기다란 담쟁이덩굴 줄기 몇 개
접착제(블루택Blu-Tack) (선택)

식탁 가운데로 녹색 나뭇잎을 길게 드리우고 옆 공간에 점을 찍듯 티라이트 캔들이나 보티브 캔들을 놓는다. 사실 호랑가시나무와 담쟁이덩굴은 최대한 많은 곳에 장식해도 좋다. 그림 뒤에 밀어 넣거나 문틀 위에 올려도 예쁘다. 사진 액자 주변이나 램프 아랫부분에 엮어도 좋다. 선반이 있으면 호랑가시나무와 담쟁이덩굴을 선반 길이만큼 늘어놓거나, 혹시 움직일 것 같으면 접착제를 살짝 발라 고정시켜 준다.

온도조절 장치와 라곰

라곰과 함께라면 누구나 안전하고 온전하고 따뜻한 집을 만들 수 있다. 외풍을 차단하고 램프에 전부 고효율 에너지 전구를 달아 놓으면 전기료를 절약할 수 있다. 온도를 줄이고 담요와 양털을 사용해서 온기를 유지해도 마찬가지다(추위에 있어서 라곰만한 것이 없다). 목적은 안락함과 우리의 환경에 긍정적인 영향을 미칠 변화를 만들어내는 것, 그 사이에서 균형을 유지하는 것이다. 직접 실천에 옮길 수도 있다. 고효율 에너지 주전자는 전기 절약에 효과적이다. 수도꼭지를 계속 틀어놓으면 안 된다는 건 안다. 머그잔 한 잔 정도만 끓이면 되는데 나 역시 이따금 습관적으로 주전자에 물을 가득 받곤 한다. 그러니 여기저기에 라곰을 끼워 넣기보다는 생활에 폭넓게 응용하려고 애쓰자. 시간이 지나면서 전반적으로 서서히 바뀌어가는 모습을 보면서 환경과 세상의 나머지 부분에 대해 자신이 어떻게 생각하는지 알아보자.

스타일을 간소화하다

집 안을 장식하는 방법으로 뺄셈의 법칙을 확장시켜볼 수 있다. 미니멀리스트 접근법을 더 가미해서 집 안을 성기게 스타일링해 봐도 좋지 않을까? 실제로 미니멀리스트나 듬성듬성하다는 말로 는 라곰 스타일을 제대로 보여줄 수 없다. 그런 말들은 궁핍함과 다르다는 점을 강조하기 위해 쓰는 말이기 때문이다. 반면에 라 곰 스타일은 웰빙과 지속 가능성 사이에서 균형을 유지하는 것 과 관련이 있다. 목재나 코르크, 돌과 같은 천연 소재가 핵심 요 소다. 네스팅과 안락함을 부각시키는 것도 중요하니 린넨, 모, 실을 엮어 만든 벽걸이 장식품과 러그 같은 직물도 고려해보자.

인테리어 장식 전문가가 아니어도 상관없다. 좋아하는 물건들을 가장 눈에 잘 띄는 자리에 놓고, 어울리지 않거나 별 도움이 안 되는 장신구들은 줄여나간다. 집을 어수선하지 않게, 삶을 예전 보다 간소하게 유지할 수 있다면, 시간이든 균형이든 우리가 원 하는 것을 더 많이 얻을 수 있다.

스웨덴의 대중 잡지 〈란트리브Lantliv〉의 편집주간 베티나 비에베 르슈타인 리는 자신의 라곰은 확실히 '꽤 괜찮은'과 연관된다고 설명한다.

"전반적인 삶이든, 음식이든, 혹은 실내장식이든 극단적으로 생 각할 필요는 없어요. 스웨덴의 홈스타일은 굉장히 자연스럽습니다. 최대한 좋은 의미에서 조금 절제되어 있긴 하지만 말이죠."

라곰은 시간이든 케이크 조각이든 똑같은 양을 얻는다는 의미를 내포한다. 그래서 베티나는 이렇게 말한다.

"어쩌면 남들보다 튀고 싶지 않은 걸 수도 있지만 여기에는 평온한 느낌도 있어요. 그래서 일시적인 유행에 쉽게 빠지지 않죠. 대신에 사람들과 공간과 예술 그리고 그 밖의 것들을 공유할 수 있는 여지를 만들려고 실내를 은근하게 두지요."

내 방식대로

영국에서 활동하는 스웨덴 디자이너
산드라 이삭슨의 이야기이다.
"라곰은 누구나 자신에게 꼭 맞는 것을
결정할 수 있게 해줍니다.
자신의 라곰이 무엇인지는 다른 누구도
결정할 수 없고,
그런 점에서 라곰은 진정으로
영리합니다."

라곰, 간결한 것이 더 아름답다

오래가지 못할 작은 소품 몇 가지에 돈을 낭비하는 대신에 디자인도 아름답고 품질도 좋은, 거기에 지속 가능한 소재로 만든 아이템에 투자하자. 그러면 그 물건을 쓸 때마다 큰 기쁨을 느끼면서 애지중지하게 될 것이다. 요리용 냄비가 될 수도 있고, 아름다운 의자나 램프가 될 수도 있다. JM 건설회사의 인테리어 디자이너 퍼 칼슨도 이렇게 의견을 밝힌다.

"리넨, 가죽, 돌, 목재 같은 천연 소재가 핵심입니다. 하지만 본질적인 것은 언제나 '지속 가능한지'를 생각하는 것이죠. 오래가지 못할 소품들을 많이 사는 것보다는 품질 좋은 아이템에 초점을 맞춰야 합니다."

내가 갖고 있는 고틀란드 품종의 양털로 만든 보들보들한 은빛 러그가 바로 좋은 사례다. 나는 그 제품을 스웨덴에서 샀다. 이케아Ikea에서는 같은 가격에 양털 러그를 네 개 정도 더 살 수 있었지만 품질이 달랐다. 우리 집 고양이 프리다를 포함해서 온 가족이 그 양털 러그를 너무 좋아해 다들 거기에 파고든다. 그 러그는 지속 가능한 천연 제품이어서 아주 오랫동안 우리에게 기쁨을 줄 것 같다.

물론 새것만이 좋은 물건은 아니다. 중고품을 사면 우리의 탄소 발자국을 줄일 수 있고, 물려받은 뭔가에는 대개 좋은 추억이 있게 마련이다. 어쩌면 궤 하나에도 세대를 걸쳐 전해져온 뭔가가 있을지 모른다. 내 경우에는 엄마가 쿠키를 보관할 때 쓰시던 케이크 틴(케이크 굽는 틀 – 옮긴이)이 그렇다. 이런 것들은 그 집에서 함께 살아가는 사람들의 살아 있는 모습을 반영한다. 퍼 칼슨은 차분히 출발하라고 권한다.

"중요한 건 우리의 스타일도, 컬러 팔레트도 걷잡을 수 없게 되

지 않도록 본질에 일관성을 갖는 겁니다. 그러고 나서 그 토대에 녹색 식물과 꽃들, 직물과 천연 소재를 더해서 새것과 옛것, 구입한 것과 물려받은 것을 잘 맞추어 놓으면 됩니다."

더 바랄 나위도 없고, 오래 지속되며, 기능적이고, 집 안의 공간에 어울릴 만한 가치가 있는 아이템은 라곰이라 할 만하다. 주방 도구를 장만할 때도 마찬가지다. 스웨덴의 전설적인 요리 작가 안나 베르겐스트룀도 이 의견에 동의한다.

"제 레시피들은 대단한 도구도 필요 없고 크게 어지를 필요도 없이 쉽게 준비할 수 있어요."

그녀는 주방에서 "잘 드는 칼 세 개, 좋은 도마 몇 개, 핸드헬드 거품기 하나, 푸드 프로페서(식품 가공기) 하나, 수프용 핸드 블렌더 하나면 되죠. 간단한 요리든 복잡한 요리든 그 이상의 조리 장비는 필요 없어요!"라고 설명한다.

우리의 공간은 특히 도시 환경 속에서는 점점 작아지고 있기 때문에 되도록 복잡한 것을 없애는 일이 더 중요해지고 있다. 소지품들을 정돈하면서 과연 그 공간을 차지할 만한 자격이 있는지 생각해보지 않으면 나중에 물건으로 뒤덮이게 될지도 모른다. 안락한, 유혹적이면서도 마음을 느긋하게 해주는 깔끔하고 차분한 공간을 갖는 건 건강을 위해서도 중요하다. 연구 결과 어수선한 공간에서 사는 여성들은 스트레스 관련 호르몬 코르티솔 수치가 더 높은 것으로 나타났다. 예를 들어 우리가 쓰는 온갖 장비들은 어떨까? 신기술과 우리의 관계가 얼마나 라곰스러운지 생각해보자.

식물의 힘

자연에 둘러싸여 사는 사람이라면 도심에서 사는 사람보다 주변 환경을 더 친근하게 느낄 테고, 따라서 대지의 품을 더 따스하게 느낄 것이다. 그런데 우리들 대부분은 도시 환경에서 살아가고 있다. 우리의 일상에 자연의 손길을 더하려면 어떻게 해야 할까? 실내용 화초를 가꾸는 취향은 아마도 불확실한 세상과 대비되는 자연스러운 뭔가를 가까이 두고 싶은 바람에서 시작되었을 것이다. 자연에 몸을 맡기면 정서적으로도 안정감을 느낄 뿐만 아니라 신체 건강에도 큰 도움이 된다. 집 안에서 짜증을 부리던 아이들이 일단 바깥에 나가 놀기 시작하면 금세 활달해지는 모습만 봐도 알 수 있다. 나사Nasa 과학자들의 설명에 따르면, 식물은 실내 공기 정화에도 좋다고 한다. 잉글리시 아이비(양담쟁이)나 스파티필룸 그리고 클로로피텀(거미풀)처럼 키우기 쉬운 식물들은 잎에 있는 공기구멍을 통해서 화학물질과 이산화탄소를 빨아들인다.

자연환경과 정신 건강, 긍정적인 기분 전환, 스트레스와 불안 경감 그리고 호전성과 범죄 경감 사이의 경험을 연결하는 방대한 규모의 연구가 있다. 어쩌면 우리 대부분은 차분한 기분을 위해 더 자연에 가까이 다가가고 싶다는 꿈을 간직하고 있을 것이다. 도심을 벗어나 이사까지 하는 건 당장 실현하기 힘든 허황된 꿈

157

이라 하더라도 말이다. 베티나 비에베르스타인 리는 이렇게 설명한다.

"많은 사람들이 시골에서 환경 파괴 없이 지속 가능하며 건강에도 좋은 라이프스타일을 꿈꾸지만 그런 삶을 살기 위해서 꼭 농부가 될 필요는 없습니다. 대신에 조금 더 라곰에 가까워지는 지속 가능한 생활을 하고 식물과 천연소재를 활용해 집을 꾸미면서 꿈을 이루면 됩니다."

자연을 집으로 초대하다

우리 가족은 자연을 집으로 초대하는 것을 무척
좋아한다. 테라코타 화분에 알뿌리 화초를 심는다.
대개는 수선화(페이퍼화이트)를 심는다.
봄이 시작될 무렵에 보송보송한 꽃차례를 이루는
버들가지를 포함해 꽃봉오리가 맺힌 가지들을 모아서
꽃병에 가지런히 꽂고 새순이 돋아나는 모습을
지켜본다.
부활절 무렵에 흔하게 찾을 수 있는 자작나무의
굵직한 가지들을 꺾어다 깃털과 달걀로 장식한다.
어릴 때 나의 부모님은 잔가지들이 있으면 그냥
지나치는 법이 없으셨다. 자작나무 한 그루를 통째로
가져오다시피 하셨다.
사실 내가 지금 살고 있는 동네 거리의 자작나무
가로수는 이 집의 구매에 지대한 영향을 미쳤다.
여름이면 집 안 곳곳에 놓인 꽃병에 꽃이 만발한
뭔가가 늘 있고, 가을이 되어 그 분위기에 둘러싸이면
마가목의 빨간 열매들이나 단풍잎이 매달린 가지들,
들장미, 양담쟁이가 늘 있다.
나는 다채로운 잎들로 화환을 만들어서 현관문에
매달아 놓는다. 조만간 만달라 만들기에도
도전해볼까 한다.
겨울에 특히 크리스마스에는 솔방울을 주워 오고,
소나무 가지를 잘라 오고, 말린 오렌지(제철일 때)를
만들고, 히아신스와 아마릴리스 구근을 심어 집에서
향기가 나게 만든다.

계절 화환

화환은 어느 때든 사랑스럽다. 현관문에 매달 수도 있고 집 안에 둘 수도 있다. 테이블 한가운데에 양초와 함께 놓아도 멋스럽다. 나뭇가지 테두리는 세월이 흘러도 오래 지속되기 때문에 우리가 해야 할 일은 꽃잎과 나뭇잎이 시들기 시작할 때 바꿔주는 것이다.

이런 게 필요해요

곁가지에서 떼어온 120~130㎝ 길이의 물푸레나무, 너도밤나무 또는 버드나무 가지 적어도 10개
전지가위
일반 끈, 초록색 노끈, 1m 길이의 라피아끈
최대한 긴 줄기에 달린 제철 꽃과 나뭇잎
기타 마음에 드는 장식물
15㎝ 길이의 공예용 철사

1 가지들 중 절반을 꽃다발처럼 한 손으로 단단히 거머쥔다. 일반 끈이나 라피아 끈으로 다발 밑동을 몇 번 감은 다음 단단하게 매듭지어 묶는다. 나머지 가지들을 첫 번째 다발 윗부분에 놓고 같은 방식으로 고정시킨 뒤 가지들을 원으로 구부린다. (이 과정을 제대로 하려면 몇 번 시도해야 한다.) 일반 끈이나 라피아 끈으로 테두리를 몇 번 둘둘 감아서 단단히 매듭을 묶는다. 그렇게 가지들을 서로 안전하게 고정시킨다. 이 과정을 몇 군데 한다.

2 줄기가 긴 꽃들과 나뭇잎들로 나뭇가지 테두리를 안팎으로 성기게 얼기설기 엮는다.

3 꽃가지 대신에(함께 써도 좋고) 고추, 솔방울 같은 열매나 시나몬스틱(계피 토막) 다발 또는 주변에서 쉽게 구할 수 있는 적당한 것을 사용해도 된다. 고둥껍데기(안에 구멍을 뚫은)나 장식용 방울 같은 소품을 매달아 꾸미려면 소품을 공예용 철사의 짧은 가닥 위에 놓고 철사의 양끝을 소품 바로 위에서 두세 번 꼬아준다. 테두리 주변을 철사로 감싸고 다시 양끝을 한데 꼬아서 고정시킨다. 사과나 오렌지 같은 과일을 매달려면 짧은 길이의 공예용 노끈으로 과일을 꿰어 테두리 주변의 철사 끝부분을 감싸준 다음에 함께 꼬아서 고정시키면 된다.

자연적인 뭔가가 집안 화분에 심어놓은 식물과 아우러지면
분위기가 한결 조화롭고 스트레스도 줄어든다.

집 안으로 라곰을 들여오는 방법

1 갖고 있는 물건을 줄이자. 앞으로 몇 달 동안 매주 각 방에서 한 가지씩만 줄여보자. 그러면 우리의 에너지가 어떻게 상승되는지 깨닫게 될 것이다. 잡다한 물건들이 줄어들수록 우리가 원하는 방식으로 삶을 살아갈 시간이 더 많아진다. 조화와 균형이 바로 라곰이다.

2 소품 하나를 늘릴 때는 아름답기만 할 뿐만 아니라 기능적이면서도 잘 만들어진 소품을 선택한다. 핸드메이드 용품 쇼핑몰을 검색해서 우리 동네 수공예품 바자회를 잘 찾아보면 새로운 예술가들과 메이커들을 발견할 수 있다. 그리고 우리 집에 이미 있는 물건도 다시 보게 된다.

3 야외를 집 안으로 들여온다. 목재, 울, 금속 같은 자연적이고 지속 가능한 소재에 초점을 맞추고 여기저기에 식물을 들여놓는다. 꺾꽂이를 모르면 사람들에게 물어보고, 내가 알고 있는 요령이 있다면 사람들과 공유하자. 나뭇가지, 도토리, 관재, 바닷가에서 주워온 돌멩이들을 모아 자연 속에 우리의 뿌리를 내리자.

4 복잡하게 살지 말자. 매사를 간소하게 만들자. 하나가 새로 들어오면 두 개는 버리자.

166

Lagom and the body

CHAPTER **6**

라곰과
내 몸의 균형

만사 적절하게
모든 것에 중용을

신나게 건강 유지하기

스웨덴 스타일의 에어로빅 운동인 '프리스키스와 스베티스 friskis&svettis'는 하나부터 열까지 라곰이다. 이것은 누구나 참여할 수 있다는 점에서 매우 훌륭하다. 이 운동은 1978년 스톡홀름에서 누구나 자신만의 운동을 찾을 수 있어야 한다는 취지에서 시작되었고, 그 목적은 이후로도 변하지 않았다.

런던에 있는 '프리스키스와 스베티스'의 트레이너 키아 둔칸은 '프리스키스 국민체조friskis medel jympa'야말로 전형적인 라곰 운동이라고 설명한다.

"즐겁게 운동하면서 사람들과 어울릴 수 있습니다. 누구든지 참여할 수 있고 아무도 튀지 않아요. 나이 어린 스웨덴인 입주 가정부부터 은퇴한 프랑스 노인까지, 누가 참여해도 아무도 눈 하나 깜박이지 않죠. 꼭 군살 없는 탄탄한 몸매를 가져야 할 필요도 없고, 팔다리가 유연하게 움직여야 한다거나 긴 안무를 기억할 필요도 없습니다. 그냥 음악에 맞추어 여기저기 신나게 뛰어다니면서 보너스로 운동을 하는 거예요."

"음악에 맞추어 신나게 뛰어다닌다"는 말에 혹해서 나도 에어로빅을 신청했다. 무엇보다도 운동복을 따로 구입할 필요가 없는 게 한몫했다. 요즘은 안타깝게도 운동이 단순히 건강을 유지하는 방법이 아니라 극단적인 것으로 변했다. SNS는 러닝머신 위

에서 달리는 모습, 매트 위에서 요가 하는 모습 등 체육관에 있는 사람들의 셀프카메라 사진들로 가득하다. 다들 미친 듯이 운동해서 외모가 근사해졌다는 느낌을 준다. 운동이 건강한 몸을 유지하기 위한 순수한 의도로 시작되었을 때만 해도 칭찬할 만했다. 그런데 자칫하면 이런 시도가 오히려 스트레스를 유발하는 건강하지 못한 해로운 방법으로 변질될 수도 있다. 스웨덴에서는 인생을 살아가는 방법과 어떤 결정을 이끌어내는 데 필요한 중심이 라곰이기에 신체 단련과 건강에 있어서도 그런 식으로 접근하지 않는 것 같다. 난 그 점이 늘 놀라웠다.

《건강 스트레스Hälsohets》의 저자 엘리나 순스트룀은 요즘은 사람들이 인터넷에 자주 하다 보니 어느새 라곰을 넘어서는 건강 정보를 받아들인다고 생각한다.

"스웨덴 사람들은 건강과 질병 그리고 환경과 관련된 소식에 특별히 관심을 많이 기울이기 때문에 웰니스 트렌드wellness trend(웰빙wellbeing과 건강fitness의 합성어로 신체와 정신이 건강하고 안녕한 상태를 추구하는 경향 – 옮긴이)를 굉장히 빠르게 받아들입니다."

이런 현상은 더 확실한 결과를 얻기 위해 극도로 힘든 트레이닝 스케줄을 강행하고, 건강 수칙을 더 효율적이고 능률적으로 지키기 위해 자기 자신에게 비현실적인 부담을 강요하는, 한마디로 대단히 라곰스럽지 못한 유행이다.

체력을 강하게 단련시키는 고된 트레이닝에는 감탄할 부분도 있지만, 신체 단련과 자기 자신을 극한까지 밀어붙이는 것과는 실제 백지장 차이이다. 우리가 좋아하고 즐기는 일을 할 시간을 많이 빼앗아가기 시작하면 이게 정말 라곰인가 스스로에게 물을 필요가 있다. 균형과 절제를 잃지 않는 생활방식을 고수하는 일이야말로 스트레스 수치를 낮추는 훌륭한 방법이다.

엘리나 순스트룀은 빠르게 변하는 세상에서 그리고 대가족 문화가 파괴된 사회에서 우리가 일종의 통제권을 갖고 있는 중요한 것들은 건강과 운동 그리고 일이라고 생각한다.

"일종의 집단적인 성과를 기반으로 하는 자부심 같아요. 그러면 우리의 존재 자체가 아니라 우리가 무얼 하느냐로 정의되죠. 그러다 보니 휴식과 회복은 불필요하게 여겨요. 시간 낭비를 하지 않으려 늘 쓸모 있는 뭔가를 '하고' 있어야만 하는 거고요."

라곰스럽게 운동하기

이 모든 것들의 틈 어딘가에서 우리는 균형 잡는 방법에 갈피를 잃은 듯하다. 우리는 부담스러운 일터를 떠나서 곧장 체육관으로 간다. 그런데 그곳에서 또 다시 목표를 성취하고 성과를 향상시켜야 한다. 하루의 긴장을 풀고 느긋이 마감하기는커녕 그곳은 다른 이와 경쟁해야 하는 또 다른 장소가 되고, 그렇게 해서 운동과 신체를 움직여 얻는 좋은 효과는 반감된다. 에이미 아른스텐 교수가 새롭게 만든 골디락스 효과 이론에 따르면, 뇌에는 균형이 필요한데 뇌가 너무 많은 요구에 시달려 충격을 받으면 원하던 효과를 얻지 못하고 과잉반응을 보이기 시작한다고 한다. 그러니 다음에는 라곰을 생각하면서 집에서 조용히 시간을 보내고 일찍 잠자리에 드는 편이 저녁 내내 체육관에서 보내는 것보다 더 유익한 게 아닌가 생각해보자.

엘리나 순스트룀은 삶에서 라곰을 찾으려 애써도 가끔은 틀릴 때가 있다고 생각한다.

"라곰이라는 말 자체가 극한으로 몰리면 너무 많거나 너무 적게 됩니다. 그러면 우리에게 아무 도움도 안 되죠. 우리가 어떻게 살아야 하는지 영향을 미치는 유행을 따르면서 살기보다, 우리의 삶과 건강 자체에 책임질 필요가 있습니다."

시독하게 어떤 수칙을 고수하는 대신 잠시, 아니 충분히 시간을 갖고 매일 자신을 들여다보자. 그렇게 꾸준히 하다 보면 나 자신과 사물을 대하는 나의 반응 그리고 정말 나에게 중요한 것이 무엇인지 이해할 수 있다. 또한 순스트룀은 이렇게 지적한다.

"세월이 흐르면서 우리의 라곰도 바뀐답니다. 바로 거기서 우리에게 필요한 것이 무엇인지 생각해보고 건강을 관리하면서 기분이 좋아지고 힘이 날 기회를 늘리는 것이 중요합니다."

나만의 길을 찾다

출판사 미로 퍼블리싱Miro Publishing의 창립자이자
'헬스 포 웰스Health for Wealth' 팟캐스트를 운영하는
보엘 스티에르는 불안정한 세상에서, 특히 세속화된
사회에서 계속 자신을 유지할 토대를 찾게 된다고
말한다. 그녀는 이렇게 추측하기도 한다.
"사람들이 음식과 삶의 만족, 그리고 건강에 지대한
관심을 갖는 것은 정신적인 뭔가를 대체하려는 것
같아요.
음식을 먹고 건강을 유지하는 방법에 영향을 미치는
것은 개인으로서의 우리와 전체로서의 환경 모두를
위해 더 나은 세상에 기여하는 방법입니다.
의미를 찾는 하나의 방법입니다."

작은 채소밭에서 일하시는 이 분이 우리 엄마다.
왼쪽은 약 40여 년 전 모습이고 오른쪽은 현재의 모습!

일상의 기회

라곰은 일상생활의 모든 경험을 즐기는 것이다. 몸을 움직이고 싶은 욕구와 다른 뭔가를 함께할 수 있을까? 점심 휴식 시간에 시간을 내서 주변을 거닐어보자. 조금 멀더라도 공원을 지나 집까지 걸어보자. 친구들과 주말 걷기 운동모임을 만들어서 운동도 하고 함께 점심식사도 해보자. 달리는 걸 좋아한다면 정신이 맑아지고 기분이 좋아지는 놀라운 경험을 할 수 있다. 무리하지만 않으면 된다.

나의 엄마는 1930년생인데 여전히 건강하고 강인하시다. 나이 들어 느지막이 시작한 스트레칭이나 가벼운 요가 외에는 딱히 운동이라 할 만한 것을 한 번도 하신 적이 없다. 엄마가 주로 하시는 건 산책하기, 정원에서 일하기, 쓰레기장까지 외바퀴손수레 밀고 가기, 감자 캐기, 잔디 깎기다.

2004년 런던에서 시작된 파크런parkrun(개인의 건강과 커뮤니티를 위해 주변 공원에 모여 5km를 달리는 모임 – 옮긴이)은 현재 세계 각지에서 백만 명이 넘는 지원자들이 참가한다. 간단한 개념이고 자원봉사자들이 주최한다.

매주 토요일이나 일요일엔 모임에 참여해서 5킬로미터를 달려보자. 얼마나 빨리 달리는지는 중요하지 않다. 중요한 건 뭔가 재미있는 일에 참여한나는 사실이다. 프리스키스와 스베티스처럼, 운동은 덤이다. 중요한 건 어울림과 참살이다.

운동 방식에서 균형을 찾는 일은 아마도 많은 사람들이 환영할 것이다. 코펜하겐의 미켈러Mikkeller 맥주공장은 몇 년 전에 러닝클럽Mikkeller Running Club이라는 달리기 동호회를 시작했고, 그 아이디어를 전 세계 백여 개 도시로 확산시켰다. 어떻게 맥주공장이 러닝클럽을 시작했는지 아마 의아할 것이다.

어쩌다가 그렇게 되었을까? 회원들은 정기적으로 한 번씩 만나서 함께 땀 흘리며 뛰고, 그다음에는 시원하게 맥주 한두 잔을 마시러 간다. 미켈러는 회원들이 건강하게 오래 맥주를 마실 수 있도록 장거리를 뛰고 나서 그에 따른 균형 잡힌 맥주 소비량을 파악할 수 있는 앱도 개발했다. 한편으로 이 클럽은 다른 주자들과 연락을 주고받을 수 있는 방법이기도 하다. 격렬한 신체운동과 맘껏 즐기는 오락의 배합은 삶에서 라곰을 찾는 훌륭한 방법이 될 수 있다. 특히 신체운동이나 '자연식 섭취clean eating'에 열광하는 경향이 있다면. 제대로 자극을 받으면서 사람들과 어울리다 보면 어느새 미소를 짓게 될 것이다. 또한 좋은 사회관계로 삶에 가치를 더할 수 있다.

워크 크로스컨트리

운동을 하는 가장 좋은 방법은 자연 속에서 여러
사람들과 함께 어울리는 것이다.
핀란드에서 비롯된 노르딕 워킹Nordic Walking은
크로스컨트리 스키 선수들이 오프시즌에 체력 유지를
위해 스틱을 들고 걷는 모습을 떠올리면서 시작되었다.
노르딕 워킹 기법의 가치를 알아본 사람들과 노르딕
워킹 클럽은 이제 세계 전역에서 찾아볼 수 있다.
남녀노소 불문하고 누구든지 크로스컨트리에 참여해서
건강을 유지하고 자연을 즐길 수 있다.

좋은 라곰, 맑은 피부, 깨끗한 집

정신적 균형을 찾아 스트레스를 다스릴 수 있다면 올바른 판단을 내리고 명료하게 사고하는 능력뿐만 아니라 피부도 눈에 띄게 달라진다. 핵심은 균형이다. 균형이 흐트러지면 우리 신체에서 제일 범위가 넓은 피부에 고스란히 드러난다. 자기 관리에는 간단한 것들이 최고다. 가령, 숙면, 좋은 자연 식품, 햇빛, 신선한 공기, 간단한 피부 관리 습관처럼. 피부 관리를 위한 제품을 고를 때는 재료 목록이 짧은 제품을 선택하거나 직접 만들자. 인체는 효율적인 기계와 같아서 모든 부분이 긴밀하게 연결되어 있다. 따라서 평정을 잃으면 소통할 방법을 찾아야 한다. 우리가 할 일은 우리 자신에게 귀를 기울이는 방법을 배우는 것이다.

집을 정돈하기 위한 제품을 고를 때도 마찬가지다. 유독가스를 피하고 천연 제품을 선택하면 된다. '소파Såpa'는 천연송진으로 만든 스웨덴산 천연제품이다. 이 제품은 수백 년 동안 사용되었다. 난 엄마가 집 안 청소를 하실 때 한 번도 다른 제품을 쓰시는 걸 본 기억이 없다. 이것은 상당히 라곰스럽다. 이 제품은 우리 집 선반에 정리되어 있는 다른 어떤 제품들 못지않게 깨끗이 닦이고 환경에도 좋다. 잘 쓰면 옷 세탁도 할 수 있고 자전거 체인에 기름칠도 할 수 있다. 이 제품을 구할 수 없다면 증류된 백식초white vinegar(옥수수를 발효시켜 만든 식초 – 옮긴이)에 중탄산나트륨(베이킹소다), 물, 카

스틸레 스프레이(생분해성 액체 비누)를 섞어서 극세사 천과 함께 사용하면 된다.

냉장고 냄새를 없애는 또 다른 옛날 방법으로 레몬 조각을 넣어 두기도 한다. 레몬은 싱크대를 반짝거리게 닦을 때도 사용한다. 이런 제안은 절약 방법이라기보다 무엇이든 의식 있게 행동하는 방법이다. 건강에도 좋고 세상에도 좋은 물건을 쓸 수 있는데, 무엇 때문에 구태여 환경을 오염시키고 냄새도 안 좋은 독성 액체를 쓴단 말인가? 빈 용기 재활용도 힘든데 말이다. 그런 건 전혀 라곰스럽지 않다.

라곰과 옷

스칸디나비아 사람들은 대개 상표 로고나 누가 봐도 분명한 유행에는 관심이 없다. 그리고 색상에 관한 한 회색과 흙빛을 고집한다. 라곰스러운 사고방식은 왜 스웨덴 사람들이 화려하고 야한 스타일보다 차분하고 요란하지 않은 옷차림에 더 끌리는지 설명해준다. 어느 누구도 과시를 좋아하지 않는다, 특히 스칸디나비아에서는. 색상보다는 양모 혼방, 질 좋은 니트, 실크, 면과 같은 옷의 질감을 보고 재단과 맵시에 신경 쓰는 것이 좋은 방법이다.

라곰스러운 방식은 날씨에 맞는 적절한 옷을 골라 입는 것이다. 추위를 느낀다면 아무리 스타일리시하게 차려입어도 소용없다. 하지만 실용적이라고 해서 세련된 멋을 포기하란 법도 없다. 레이어 연출만 잘하면 충분히 멋스러운 패션이 된다.

스웨덴에서는 누구나 어떤 날씨든 만반의 준비를 해서 알맞은 장비를 모두 챙긴다. 나는 아이들이 어렸을 때 날씨와 상관없이 늘 공원에 데리고 나갔다. 비가 오는 날이 제일 재미있었다. 우리는 고무장화를 신고 일체형 방수복을 입었다. 만일 공원에 다른 사람들이 있었다면 장담컨대 99퍼센트는 스칸디나비아 사람들이었을 것이다. 실용적인 야외활동 장비만 보아도 스칸디나비아 사람들임을 쉽게 알 수 있었다.

"나쁜 옷이란 없다.
오로지 나쁜 날씨만 있을 뿐"
– 스웨덴 속담

남의 집에 방문할 때 나는 종종 날씨를 과소평가하는 경향이 있다. 스웨덴은 4월의 봄 날씨도 대단히 추워서 따뜻한 재킷이나 신발을 갖추지 않으면 자칫 하루를 망칠 수 있다. 변덕스러운 날씨에 대비한 라곰스러운 복장은 늘 있다. 적절한 옷으로 야외에서 편안하게 많은 시간을 보낼 수 있다. 야외 문화, '야외 생활(프리루프트슬리브friluftsliv)'은 스칸디나비아의 생활방식으로 유년기 학창시절에 스며들어 있다. 어느 숲 유치원 선생님은 날씨와 상관없이 늘 '숲 유치원(우르 오크 스쿠르ur och skur)' 밖으로 나가고, 눈보라가 치는 날이나 기온이 영하 십 도 이하로 떨어질 때만 실내로 대피한다고 말했다. 아이들이 아파서 쉬는 경우는 거의 없다고 강조했다. 아이들의 '실내'는 넓은 군용 막사 스타일의 텐트였다. 아이들이 낮잠을 자야 할 때면 텐트 안에 솔가지와 양털로 만들어놓은 침대에 재웠다. 분명 그 아이들은 최고의 야외활동 장비를 갖추고 있어서 절대 춥지도, 젖지도, 덥지도 않았으리라. 물론 짜증이 나지도 않았으리라 장담한다.

은근하게 절묘하게

온갖 액세서리로 외모를 멋들어 시게 꾸미는 건
좋지만 전부 한 번에 걸치지는 말자.
스웨덴은 영국과 미국 다음으로 세 번째로 큰 음악
수출국이라고 하는데, 우리는 아직 힙합 예술가는
한 명도 만들지 못하고 있다.
힙합은 블링과 관련된 것이니까.
블링은 전혀 라곰스럽지 않다.

내 몸이 라곰스러워지는 방법

1 신체단련에 대해 느긋하게 마음먹고 절대 무리하지 않는다. 쉬는 시간, 일하는 시간 그리고 움직이는 시간이 있는 것이다. 내 삶에 가치를 더해줄 수 있는 운동을 찾자. 머리를 맑게 하기 위해 혼자 달리기를 하거나 단체에 합류해 사람들과 어울린다.

2 균형을 찾는 일에 라곰스러워지자. 삶에는 언제나 불균형이 있다는 사실을 받아들이자. 가끔은 일을 더 하는 날이 있을 수 있다. 그날은 일을 하는 날인 거다. 그런가 하면 운동할 시간이 나는 날도 있다. 인생의 매 시간을 구분 짓지 말자. 그저 흐르는 대로 가면 된다.

3 매사를 간소하게 하자. 천연 미용 제품을 적당히 사용한다. 피부에 관한 한 신중하자. 나머지는 언제나 좋은 음식, 휴식 그리고 신선한 공기가 알아서 하게 되어 있다.

4 품질이 좋은 야외활동 장비를 마련하면 어떤 날씨에도 외출이 가능하다. 아이들이 있다면 아이들에게도 적절한 장비를 갖추어준다. 그러면 아이들도 편안하게 야외활동을 할 수 있고, 부모도 진흙이나 비 때문에 염려할 일이 없으니 일석이조 아니겠는가.

Lagom and the wider world

CHAPTER **7**   라곰과
             더 넓은 세상

중용과 어울림을 통해
내면의 평화를 찾는 라곰은
과잉과 분할로 넘치는 세상에
대단히 매력적인 제안이다.

공정한 나눔

음식, 쇼핑, 집 꾸미기, 홈 인테리어, 몸치장, 먹거리 직접 기르기 그리고 마지막 남은 카넬불레(시나몬 롤) 먹지 않기에 대한 사고방식을 더 넓은 세상에 적용할 수 있다. 라곰은 우리가 개인적으로 삶에서 균형을 찾는 지점이자 '딱 적당한'의 개념이 꼭 맞는 지점이다. 반면, 라곰을 일상생활에 더 큰 규모로 적용하는 방법에는 숨은 감정이 있다. 우리가 구매하는 제품과 음식, 우리의 행동, 기후와 환경에 미치는 영향에도 그것은 작용해서, 예컨대 적당한 백열전구를 사용하고 수도꼭지를 틀어놓지 않는 등의 실천을 할 수 있다. 이런 분별 있는 실천은 필요한 것을 취하고 다른 사람들의 몫을 적당히 남김으로써 세상에 대한 배려를 보여주고 세상을 바꾸는 데 기여한다.

어울림과 중용이 대규모로 작용하는 훌륭한 사례는 스웨덴의 '출입의 자유(알레만스레텐allemansrätten)'다. 이 자유는 사람들이 무책임한 행동을 하지 않는 한 토지 소유자의 허락을 받지 않고 자연을 자유롭게 즐길 수 있는 권리를 보장한다. "방해하지 말고, 파괴하지 말라"는 문구로 요약되는 이 정신은 전반적인 삶을 위한 진리의 주문(만트라)으로도 나쁘지 않다. 이 법은 야외활동을 즐기는 사람들의 관습에서 비롯되었다. 제정법에도 누구나 자연에서 시간을 보낼 권리가 있다는 말이 두 번 언급되기도 한다. 스

웨덴 사람들은 자연을 자유롭게 즐길 권리가 일종의 인권이라고 생각해서 '들어가지 마시오'라는 표지판을 세우는 일이야말로 위법이라고 여긴다.

"스웨덴의 '출입의 자유' 덕분에 사람들은 매일 자연을 가까이 할 수 있다"고 스웨덴 환경보호청의 퍼 닐슨은 말한다.

"산책을 할 수도 있고, 운동 삼아 달릴 수도 있고, 유모차를 끌고 가도 됩니다. 나가서 뭐라도 할 수 있는 쉬운 방법이 있으니 사람들은 더 건강해지고, 자연 체험은 간단한 일이 되죠."

지속 가능성, 중용 그리고 세상과의 건강한 균형 속에서 살아가기를 토대로 한 삶은 경제학자들이 '한계효용체감'이라고 부르는 개념에 비유할 수 있다. 이것은 흔히 소비자의 요구를 설명할 때 사용하는 개념이다. 간단히 설명하자면, 어떤 서비스든 상품이든 더 많이 소비할수록 추가 이익은 줄어든다. 예를 들어 내 앞에 사과가 열 개 있다면, 하나를 먹을 때마다 하나 더 먹고 싶은 욕구가 줄어들어서 결국은 포화 단계에 도달한다. 시간과 돈 같은 재원은 많이 소비할수록 포화 단계에 더 가까이 도달한다. 하지만 모두가 절제하면서 소비한다면 혜택을 최대화해서 모두에게 충분히 남을 것이다. 내 생각에는 이것이 우리가 동의할 수 있는 대단히 라곰스러운 방식이다.

이런 접근은 고용 정책과 노동 시간에도 적용될 수 있다. 평소보다 추가 근무 한 시간을 더 할 때마다 우리의 생산량과 생산성은 그만큼 보탬이 되지 않는다. 노동자들이 근무일을 줄일 수 있다면 직원들의 행복은 커질 것이다. 그렇게 되면 전체적인 효율과 생산성과 같은 회사의 다양한 변수에 의미심장한 영향을 미칠 수 있다.

1999년에 출간된 《시간에 대한 열 가지 생각Ten Thoughts on Time》에서 물리학 교수 보딜 옌손은 우리 삶이 어떻게 시계에 지배되는지 그리고 예전보다 더 오래 사는데도 왜 우리는 늘 시간이 부족하다고 느끼는가에 대해서 깊이 생각했다. 최근에 보딜 옌손은 노동 시간을 바라보는 새로운 시선을 제안하는 새 책을 출간해 우리가 지금 인생의 어느 단계에 있는지 심사숙고해야 한다고 제안했다. 보딜 옌손은 노동 시간을 분담해서 부모가 어린 자녀들과 십 대 자녀들을 돌보고 연세 드신 친척 어른들을 보살필 수 있도록 해야 한다고 주장한다. 이런 부분들이 고려되어야 하고, 노동 시간은 현재 우리의 인생 단계에 따라 분담되어야 한다. 일부 노동 시간이 제한되면 다른 사람들이 오래 일해야 할 수도 있다. 요가 전문가이자 《건강 스트레스》의 저자 엘리나 순스트룀은 "누군가의 라곰 노동 시간은 일주일에 육십 시간이고 다른 누군가에게는 이십 시간일 수 있다"고 지적한다.

물론 우리가 삶을 어떻게 사는지 그리고 세상에 어떻게 그 영향을 미치는지 책임을 지는 건 우리의 몫이다. 하지만 엘리나 순스트룀은 노동자들도 한 단계 나아가서 알맞은 여건을 제안할 필요가 있다고 말한다.

"사람들이 보디 리곰스러운 삶을 살 수 있도록……. 보다 균형 잡히고 지속 가능한 삶을 살 수 있도록."

직장 내 평등

스웨덴은 신뢰사회다. 국민들은 정부가 적이 아니며
친구이고, 우리가 원하는 삶을 살 수 있도록 잘
보살펴준다고 느낀다.
특히 직장 내 평등과 강력한 노동조합을 갖춘 보다
나은 근무 여건은 다른 어떤 나라보다 직장 내
서열구조를 줄어들게 만들었다.
나는 영국에 처음 갔을 때 상사는 중요하게 모시는
반면 분열된 고용인들의 모습에 적잖이 놀랐다.
스웨덴에서는 절대 어느 누구도 받들어 모시지
않는다.
연령과 사회계층, 성별과 상관없이 누구나 허물없이
상대하고, 상사와 직접 부딪치는 일이 드물지 않다.
즉, 필요할 때면 언제든 내 목소리를 낼 수 있도록
구조가 갖추어져 있다는 뜻이다.
회사 어디서든 관리 단계가 많고 의사소통 방법이
엄격하게 규제되어 있다면, 스칸디나비아 사람들은
엄청난 충격을 받을 것이다.

단체를 중요하게 생각하는 사고방식은
스칸디나비아 국가들이 행복 지수 상위권에
드는 이유를 부분적으로 설명해준다.

집단 문화

스웨덴 사람들은 어쩌면 라곰 때문에 의사결정에 오랜 시간이 걸리기도 한다. 모두의 의견을 존중해야 하니 말이다. 스웨덴 사람들과 함께 영화를 본다고 가정해보자. 함께 볼 영화를 고르는 데도 시간이 꽤 걸린다. 공공연하게 의견을 주고받으면서 누구나 동등한 발언권을 갖기를 기대한다. 다만 남들이 이야기할 동안 언성을 높이거나 손을 휘저으며 안달하지만 않으면 된다. 내 주변에는 남편을 포함해 영국인이 몇 명 있다. 한 번은 이들이 친구들과 맥주 몇 잔을 놓고 저녁 내내 잡담을 나누었다. 그런데 다음날 일행 중 한 명이었던 스웨덴 사람에게 뜬금없는 사과를 받고 깜짝 놀랐다고 한다. 영국인들은 건강한 의견 교환이라고 생각한 것을 스웨덴 사람은 매우 다르게 받아들였고, 그는 다음 날 잠에서 깨자마자 후회를 하면서 그들의 관계가 돌이킬 수 없이 망가졌나고 석성했던 것이다.

모두와 상의를 해야 하기 때문에 가족끼리 결정을 내리는 데도 한참 걸린다. 우리 가족은 대식구여서 온 가족이 모이면 산책 한 번 나가는 일도 중대한 작전으로 변한다. 나는 남편 올리버에게 이렇게 말한다. "우리 산책 나갑시다." 그러면 남편은 재킷을 걸치고 신발을 신는다. 여느 평범한 사람처럼 밖으로 나가 산책할 채비를 한다. 한참 있다가 남편은 우리가 아직도 산책을 갈 건지 묻는다. 그럼, 당연하지. 하지만 우리는 먼저 Y도 오고 싶어 하는지 확인을 해야 한다. 때마침 Y는 통화 중이다. X는 온다고는 했지만 우선 전화를 끊고 씻어야 한다고 하고, Z는 우리가 있는 곳까지 거의 다 왔다고 한다. 중간에 Z와 길이 어긋나지 않으려면 확실하게 정해진 길로만 가야 한다. 그 와중에 엄마는 워킹화를 찾고 계신다. 그건 엄마가 높은 곳에 올라갈 생각을 하신다는 뜻이다. 아무래도 출발하기 전, Y와 Z를 기다리는 동안 잠시 피카를 나누면서 이야기를 해야 할 것 같다. 그리고 모두 다 준비되었을 무렵, 이따금 나의 사랑하는 남편은 그제야 비로소 자신의 의견을 내놓는다.

라곰과 대인관계

대가족 문화에서 자라면 모두가 사이좋게 지내도록 어떤 식으로든 타협하고 다른 사람들의 감정을 배려하는 일이 중요해진다. 대인관계는 라곰 수준으로 유지된다. 접시에 남아 있는 마지막 쿠키를 집는다는 건 꿈도 못 꿀 일이다. 모두가 더 먹을 만큼 양이 충분하지 않다면 남은 몫을 나눈다. 이런 일은 이제 제2의 천성이 되어 어떤 면에서는 스웨덴 사회가 전체로 작동하는 방식이기도 하고, 라곰스럽게 행동하는 방법에 대한 더 큰 그림으로 해석될 수도 있다.

아무런 걱정 없이 마냥 순수하게 살아온 스웨덴 소녀였던 나는 열아홉 살에 처음으로 낯선 외국 땅에서 살게 되었다. 그때 새로 사귄 외국인 친구들에게서 분열된 가족이 얼마나 많은지 듣고 깜짝 놀랐다. ("뭐? 넌 그럼 진짜로 네 여동생을 싫어하는 거야?") 내가 대인관계에서 라곰스러운 방식의 진가를 느끼기 시작한 건 아마도 그때부터였던 것 같다.

모든 상황에서 경쟁과 경합은 대개 대다수의 개인들과 사회를 위한 건강하고 발전적인 관계로 여겨져 긍정적으로 제시된다. 그런 관계는 스포츠, 텔레비전, 직장, 학교를 포함한 많은 영역에 영향을 미쳤고, 하나의 이념이 되었다. 이런 추세는 주로 젊은 세대 사이에서 사회보다는 개인을 더 중요하게 생각하는 사회층을 형성했다.

그런데 에바 로타 훌텐은 최근 출간된 저서 《제자리에, 준비, 땅!Klara Färdiga Gå》에서 경쟁이 해로울 수도 있다는 생각을 분석한다. 사람들을 언젠가 동료가 될지도 모를 사람이 아닌 경쟁상대로 만들다 보면 자신이 쓸모없는 존재가 된 느낌과 함께 외로움에 시달릴 수 있기 때문이다. 라곰은 동료에 대한 연민에 관한 내용이다. 나는 이거야말로 지금 이 순간 세상에서 간절히 필요한 것이고 많은 사람들이 얻고자 하는 바람이다. 나는 라곰이 결국 우리를 더 행복하게 만들 수 있다고 믿는다.

연구원 소냐 류보미르스키는 행복한 사람들은 무엇 때문에 행복하고 불행한 사람들은 무엇 때문에 불행한지 알아낸 후, 깜짝 놀랐다고 한다. '지극히 행복한 사람들과 지극히 불행한 사람들'을 인터뷰한 결과, 행복한 사람들은 자신만의 개인적인 '해피 게이지(행복 지수)'로 연민을 만들고 자신보다 못한 다른 사람들과 비교하며 자신의 행복 단계를 가늠하지 않는다는 사실을 알게 되

었다. 연구진에게도 이것은 충격적인 사실이었다. 행복한 사람들은 성공한 사람들을 위해서 기뻐해주고 성공하지 못한 사람들에게 연민을 품는다는 사실도 알게 되었기 때문이다. 우리만의 결정을 내릴 수 있게 해주는 개성은 건강하지만, 서로를 등지게 만드는 종류의 개성은 우리를 고통스럽게 만든다. 이런 식의 사고방식에는 대단히 라곰스러운 뭔가가 있다.

싱 싱 싱sing, sing, sing

스웨덴 합창대 협회Swedish choir union에 따르면 약 60만 명의
사람들이 합창대에서 노래한다고 한다.
스웨덴 사람들이 노래하는 걸 썩 좋아하는 것 같지는 않지만,
실제로 스웨덴은 세계에서 '일 인당' 합창대 수가 가장 많은
도시이다.
연구 결과에 따르면 합창대에서 노래하면 굉장히 행복해지고
건강 효능도 크다고 한다.
영국 옥스퍼드 브룩스 대학교에서는 설문조사를 통해
합창대에서 노래한 사람들 중에 누가 제일 행복한지 물었다.
혼자 노래한 사람, 다 함께 노래한 사람, 맨 앞으로 나와서
노래한 사람들 중 누가 제일 행복할까?
그들은 합창대를 '팀'으로 생각했고, 그 활동을 '의미 있는'
활동으로 여기는 부수적인 혜택을 얻었다.
아마도 합창이라는 활동이 가진 단결성과 비경쟁적인 속성도
한몫했던 것 같다.
스웨덴의 연구는 그룹에서 노래하면 행복 호르몬인
옥시토신이 분비되어 스트레스 수치와 혈압을 낮춘다는
사실을 밝혀냈다.
아마도 우리 사회가 점점 더 망가지고 분열될수록 공동체를
바라는 욕망 때문에 합창대의 인기는 커질 것이다.
다른 사람들과 어울려 음을 맞추며 함께 노래하는 일은
누구나 마음만 먹으면 할 수 있는 일이자 자기 자신을 찾을
수 있는 일이다.

라곰과 접촉

자연, 원예 그리고 먹거리를 직접 기르는 일이 우리에게 어떤 혜택을 주는지 잘 알고 있다. 그런 것들이 나중에 인생에서 자연과 더 가까운 관계를 맺게 해주면서 어떻게 평화와 만족을 가져다 줄 수 있는지도 나는 안다. 영국 플리머스 대학교에서 진행한 연구에서는 공동텃밭이 정신적으로나 신체적으로 건강과 참살이에 긍정적인 영향을 미친다는 사실을 밝혀냈다. 자연 환경 속에서 생각, 사상, 기술을 공유하는 사람들과의 사회관계는 스트레스 해소에 도움이 된다.

실내 화초를 키우거나 마당을 갖는 것 또는 뒷문을 열고 나가면 숲이 있다든지, 어떤 형태로든 자연과 접촉할 수 있다면 그 혜택은 어마어마하다. 자연과 더 많은 관계를 맺을수록 깊이 이해하게 된다. 특히 어린 나이에 이런 경험을 한다면.

퍼 닐슨은 이렇게 말한다.

"자연 속을 거니는 자유는 자연과 토지 소유자 그리고 전원 지역에서 마주치는 사람들에게 경의를 보이면서 구축됩니다. 나는 이걸 거대한 민주주의 계획에 비유하고 싶습니다. 누구나 참여할 수 있지만 염려와 배려를 보여야만 하죠. 이따금 어떤 사람들이 자기만을 위해 더 큰 케이크 조각을 먹고 싶어 하면 그것은 잘 실현되지 않아요."

우리가 환경을 돌보지 않고 동료를 신경 쓰지 않는다면 거닐 수 있는 곳이 남지 않을 것이다. 배려하는 것보다 더 라곰스러운 것은 없다. 우리 모두가 일상생활에 조금이라도 더 빨리 라곰을 적용할수록 다 함께 이 자유를 더 많이 즐길 수 있게 될 것이다.

고사리 화환

고사리류 화환은 크게 힘들이지 않고 만들 수 있고 자연과 함께 할 수 있는 사랑스러운 방법이다. 화환은 엽상체들이 어려서 구부리기 쉬운 봄에 만들면 좋다. 잘 휘어지고 잎 사이 간격이 가지런한 고사리로 고른다. 구부리기가 힘들면 날카로운 칼로 줄기 뒷부분을 따라 내려가면서 껍질을 벗긴다.

이런 게 필요해요

고사리 줄기 4개(길수록 좋다)
초록색 꽃 철사
정원 손질 가위(전지 가위)

금속 원형 화환
낚싯줄

1 고사리 하나를 잡아 줄기 끝에서 시작해 잎사귀 바로 아랫부분까지 금속 화환 전체에 꽃 철사를 둘러 감는다. 화환에 빈틈이 없도록 철사를 최대한 꼼꼼히 감는다. 고사리 잎이 시작되는 부분까지만 감는다.

2 새 고사리 줄기를 잡아서 좀 전에 철사를 감은 고사리 끝부분을 함께 맞물려 끼워 감으면서 앞 과정을 반복한다. 화환 전체를 고사리 잎으로 덮을 때까지 계속 한다. 튀어나온 철사 부분이 있으면 다 잘라낸다. 적당한 길이의 낚싯줄을 화환 맨 위에 감아서 창문이나 원하는 곳에 매달면 된다.

개나리 꽃꽂이

개나리는 봄에 피는 어떤 관목들보다 먼저 피어난다. 꽃들이 아직 라임빛 녹색일 때 꺾을 수 있다. 집 안으로 가지고 와서 꽃이 피어나는 모습을 지켜볼 수 있다. 생명력도 길다. 플라타너스나 산사나무 같은 다른 나무의 잔가지나 큰 가지와 꽃을 찾을 수 있으면 흔하지 않은 매력적인 꽃꽂이를 할 수 있다. 꽃꽂이는 집 안으로 자연이 들여와 온 가족이 미소 짓게 되는 사랑스러운 방법이다.

이런 게 필요해요

플라타너스 꽃과 잎
개나리 줄기
산사나무 줄기
낡은 양동이(또는 아무거나 적당한 용기)

모든 줄기를 사선으로 자른 다음 줄기 길이의 10 퍼센트를 끓는 물에 20초 동안 담근다. 양동이에 찬물을 채우고 꽃이 피지 않은 줄기부터 꽂기 시작한다. 개나리와 다른 것들을 하나하나 꽂을 때마다 뒤로 물러서서 꽃꽂이 형태가 마음에 드는지 확인한다.

넓은 세상을 보는 시각으로
더 라곰스러워지는 방법

1 우리가 하는 행동의 결과에 대한 사고방식을 바꾸려 노력하고, 우리의 작은 변화가 더 넓은 세상에서 차이를 만들어낼 수 있다고 진심으로 믿자.

2 견해 차이가 나는 누군가와 토론을 할 때는 라곰스러운 방식을 시도해 타협안을 찾아보자. 다른 의견들도 얼마든지 서로 공존할 수 있다.

3 재활용하자. 한 걸음 더 나아가서, 재활용 대상이 더 적어질 수 있도록 포장이 많은 것은 가급적이면 사지 말자. 꼭 필요한 것만 사자. 이 방법은 자원을 지킬 수 있는 방법이다.

4 합창대가 아니더라도 관심을 공유할 수 있는 다른 그룹에 참여하자. 공동체로서 더 많은 사람들과 관계를 맺기 시작할수록 성가신 사람들과 있을 때보다 충만한 기쁨과 예스럽고 솔직한 인간미를 느끼게 된다. 보다 넓은 세상에 대한 연민과 이해를 많이 느끼게 될 것이다. 그것을 뒷받침하는 증거는 없다. 이것은 그저 라곰스럽게 삶을 살아오면서 든 생각이다.

5 아이들이 어릴 때부터 자연으로 나가자. 자연과 우리가 살고 있는 세상에 대한 존중심이 그들의 마음속에 스며들도록 해주자.

Lagom and the soul

CHAPTER **8**

라곰에
마음을 놓다

균형과 내면의 지식을 찾는
방법만 안다면
차분하게 지내기만 해도,
은유적으로 그리고 말 그대로
라곰을 갖는 방법을 터득하게 될 것이다.

끊임없이 변화하는 라곰

이럴을 때 난 기껏 '딱 좋다'는 것에 대한 다른 사람들의 생각이 따분하게 느껴졌다. 그래서 다른 사람들은 의견이 일치하는데 왜 나의 라곰 수준은 다를까 궁금증이 일었다. 지금은 그 개념이 삶의 많은 상황에 어떻게 적용되는지 알 것 같다. 알고 보면 우리 모두 자신의 라곰 수준이 어디쯤인지 알려주는 라곰 게이지를 갖고 있다.

"한번은 어느 스님이 '균형은 정적인 행위가 아닙니다'라고 말씀하시는 걸 들었습니다."

스트레이트포워드 뉴트리션Straightforward Nutrition의 린 토르스텐손이 한 말이다. 린은 아일랜드에서 활동하는 스웨덴 출신의 영양치료사로, 마음챙김 식사법(마인드풀 이팅mindful eating)과 자기연민을 통해서 음식으로 사람들의 대인관계를 치유하는 일을 한다.

"이 일은 나 자신을 위해 배운 일이기도 해요. 나의 라곰은 끊임없이 변화합니다. 그래서 딱 좋은 균형을 찾는 최고의 방법은 내 몸이 하는 말을 유심히 듣는 겁니다. 그러고 나서 적절히 행동하는 거죠. 피곤해서 쉴 건지 아니면 배가 고프니까 먹을 건지 말이에요. 나의 라곰이 무엇인지만 알면 됩니다. 과감하게 용기를 내서 우리 몸이 전하는 지혜를 믿는 거죠. 우리가 할 일은 그 지혜를 활용하는 일뿐이에요."

그런데 얼마나 먹고 마시는지를 가늠해야 하지만, 삶에서 원하는 적정 크기가 어느 정도인지 배우기 위해 마음을 탐색할 필요도 있다. 우리 모두 자신이 언제 과욕을 부리는지 알고, 또한 언제 절제하는지도 안다. 그 둘 사이 어딘가에서 자기 자신에게 이렇게 물어봐야 할 순간이 있다.

"이것이 지금 딱 좋은가? 이것이 라곰인가?"

균형 찾기

우리 모두 차분함과 균형에 도달하기 위해 저마다 다른 여정을 이어가고 있다. 어떤 사람들은 명상을 하면 삶의 어디쯤에서 선을 그어야 할지 알게 된다고 생각한다. 그런가 하면 명상이 힘들다고 생각하는 어떤 사람들은(나를 포함해서) 자연으로 가거나 요가를 하거나 아니면 자기 자신만을 위한 시간을 가지면서 평화를 찾는 편을 선호할 수도 있다. 나는 그렇게 차분한 시간에 나 자신을 더 잘 알게 되고 적지도, 많지도 않은 라곰인 '딱 좋은 것'을 더 잘 알아차린다고 생각한다. 주말이 이미 바쁘다고 생각되면 더 이상의 활동을 과감히 거절할 줄도 알고, 주중에 라곰 운동을 충분히 하지 못했다고 인정할 줄도 알고, 파티에서 나올 라곰 타임이 언제인지도 안다(이것만큼은 솔직히 그동안 잘해본 적이 없었다).

가령, 원예가 아무리 좋아도 너무 흥분하지 않을 정도로 언제 멈

출지 아는 경우는 실제로 만족스러워서 더 할 필요가 없는 상태임을 깨닫는 것이다. 멈추지 못하고 계속하는 것은 인간이 하는 자연스러운 행동이지만 언제나 더 행복해지지는 않는다. 어쩌면 세상은 "적당해"라든가 "충분해"라는 표현의 새로운 단어를 찾아야 할지도 모르겠다. 이런 비슷한 말들은 뭔가가 부족한 상태 또는 균형을 유지하기 위해서 어떤 것들을 포기해야 한다는 사실을 은연중에 암시한다. 하지만 라곰이 이미는 둘 다 아니다. 라곰은 완벽하다는 뜻은 아니지만, 정황상 완벽하다는 의미다.

라곰에서 멈추다

궁극적으로 라곰은 우리 모두를 위해 충분한 것들이 있는지 확인하는 것이다. 충분한 케이크, 충분한 자연, 충분한 자원, 사람들이 소외감을 느끼지 않기에 딱 적당한 포용, 라곰스러운 단순 명쾌함과 솔직함을 유지하면서도 갖추어야 할 적당한 예의. 라곰이라는 말이 어디서 왔는지에 관한 여러 가지 이야기 중 하나는 사람들이 근근이 살아가던 시절 한 스웨덴 농경사회에 관한 것이다. 누군가 가족의 생활수준을 향상시킨다면 그 결과 다른 가족의 생활수준은 떨어진다는 것이다. 나의 욕구에 대해서 라곰스럽다는 건 이웃들에게 배려를 보인다는 의미다. 아무도 궁색해지는 사람이 없도록.

우리 세상과 사회에 라곰 원칙을 적용하면 아마도 변화를 체험하

게 될 것이다. 더 큰 만족감을 얻고 싶다면 자연에서 시간을 보낸다든지 일주일에 한 번씩 합창 연습을 하면서 우리가 삶에서 정말 소중하게 여기는 것들, 우리를 행복하게 해주는 것들에 시간을 할애하자. 그러면 연민과 이해 그리고 여유와 함께 더 너그러워질 것이다. 스웨덴의 코미디언 요나스 가르델은 처음 데뷔했을 때 분명히 라곰스럽지 않았다. 한 번은 수많은 사람들 앞에서 어떻게 혼자 무대에 설 용기를 냈느냐는 질문을 받고 그는 이렇게 말했다.

"저는 혼자 관객을 상대하는 것이 아닙니다. 우리 모두가 함께하는 거죠."

이런 생각을 하게 된다면, 모든 것이 거대한 경쟁은 아니라는 사실을 기억하게 될 것이다.

이런 사고를 더 큰 규모로 옮겨 상상해보자. 사람들은 행복해지기 위해서 정말 필요한 것, 아니 필요하다고 생각하는 것보다 훨씬 많은 것을 지속적으로 안달하면서 지속 불가능한 갈망을 품는 대신 단순한 것들 속에서 더 큰 기쁨을 찾게 될 것이다. 라곰에서 멈추면 많은 것을 이루어낼 수 있다.

자연의 효력

스웨덴 사람들은 일요일마다 교회에 가는 대신 자연에서 영성을 찾는다. 물론 우리는 영성을 찾는다고 표현하지 않는다. 그런 말 자체가 과시처럼 느껴지니까.

그냥 피카를 약간 준비하고 목적에 따라 작은 양동이 하나를 챙겨서 숲속을 거닐면서 산책을 한다.

커다란 소나무 숲에서 바람 소리, 새들의 노랫소리나 커피를 홀짝이는 동안 찾아드는 침묵에 귀를 기울이면서 평안을 느낄 수 있나는 건 부수적인 일이다.

스칸디나비아인들이 자연의 정신적인 요소를 숭배하는 방식과 아메리카 원주민들이 자연을 경외하는 방식은 서로 비슷하다. 우리는 모두 자연 안에서 살아가고 자연의 일부이기도 하다. 그 사실을 우리 아이들에게 수시로 보여줄 수 있다면 우리의 문화유산으로 줄 수 있을 것이다. 각자의 라곰은 정거장에 가는 길에 짧을 내 공원을 걷는 일일 수도 있고, 점심 휴식 시간에 잠시나마 푸른 자연을 찾는 일일 수도 있다.

나무뿌리와 접속한다고 상상하면서 내 삶에 무슨 일이 생기든 자연은 개의치 않고 주기에 따라 계속 이어진다는 점을 생각해보라.

갑자기 옛말 하나가 떠오른다. "무슨 걱정을 하든 그 걱정의 절반은 일어나지 않는 일이고 나머지 절반은 어차피 일어날 텐데 왜 걱정을 사서 하는가?" 그 현명한 말 어딘가에서 라곰스러운 접근법을 찾을 수 있다.

걱정스럽더라도 조바심을 내봤자 아무 소용없다는 사실을 명심하자. 지나치게 불안에 떨고 있다고 생각되면 잠시 앉아서 피카를 즐기거나 공원을 거닐면서 내가 정말 해야 하는 라곰스러운 걱정이 무엇인지 생각해야 할 때인지도 모른다.

참고자료

주말농장Allotments
: allotment-garden.org

주말농장에 관한 다양한 자료를 배울 수 있는 훌륭한
온라인 사이트이자 유용한 토론의 장이기도 하다.

미국 공동 텃밭 협회
American Community Gardening Association
: communitygarden.org

공동텃밭, 내가 먹을 먹거리 기르기, 도시임업,
공공용지 녹화와 관련된 모든 것을 장려하고 후원한다.

보타니 숍Botany Shop
: botanyshop.co.uk

식물과 화분, 영국 배달

브리타 스웨덴Brita Sweden
: britasweden.se

지속 가능한 플라스틱 러그와 러너 그리고 울
담요(블랭킷)를 판매하는 스웨덴 기업. 스웨덴에서는
여러 세대 동안 플라스틱 러그를 짰왔고, 나에게
플라스틱 러그는 완벽한 라곰 인테리어 아이템이다.
실용적이면서도 스타일리시해서 실내외 겸용으로 쓸 수
있고 영원히 지속된다. 내가 특히 이 기업을 좋아하는
건 우리 엄마와 나랑 이름이 같기 때문이다!

칠드런 앤 네이처 네트워크
Children and Nature Network
: childrenandnature.org

어린이와 가정 그리고 공동체를 자연과 연결한다.

영국 공동체 지원농업
Community Supported Agriculture UK
: communitysupportedagriculture.org.uk

피카 뉴욕Fika NYC
: fikanyc.com

뉴욕의 피카에서 휴식을 취한다. 한 스웨덴인이 바쁜
도시에서 휴식을 취할 수 있는 방법을 찾다가 카페를
만들었다.

프리스키스와 스베티스Friskis&Svettis
: friskissvettis.co.uk

스웨덴 헬스클럽

게릴라 가드닝Guerilla Gardening
: guerillagardening.org

글로벌 가디언 프로젝트
Global Guardian Project
: globalguardianproject.com

어린이들에게 지구를 지키는 일에 적극적으로 참여하는
방법을 교육시키는 환상적인 학습 플랫폼

하우스 오브 플랜츠House of Plants
: houseofplants.co.uk

식물에 관한 모든 것을 다루는 훌륭한 온라인 사이트

이삭 디자인Isak Design
: isak.co.uk

라곰 하우스를 위한 멋지면서도 별난 산드라 이삭손의
스칸디나비아 가정용품

더 리틀 그레이 십The little Grey Sheep
: thelittlegreysheep.co.uk

고틀란드산 양털실과 면양 털가죽을 파는 온라인 숍

로컬 하베스트Local Harvest
: localharvest.org

자신이 사는 지역에서 가장 가까운 공동체 지원 농산물
직거래 장터를 알려주는 웹사이트

러브 푸드 헤이트 웨이스트
Love Food Hate Waste
: lovefoodhatewaste.com

식품 쇼핑과 식단 계획 그리고 남은 음식 활용을
재고하는 요령

미켈러 러닝 클럽
Mikkeller Brewery Running Club
: mikkellerrunningclub.dk

전 세계 러닝 클럽과 모임은 웹사이트 참조

전국 공동텃밭 협회
The National Allotment Society
: nsalg.org.uk

노르딕 워킹Nordic Walking
: nordicwalking.co.uk

파크런Park Run
: parkrun.com
전 세계에서 열리는 5킬로미터 파크런 경주들. 장소와
세부사항은 웹사이트 참조

스칸디 키친 Scandi Kitchen
: scandikitchen.co.uk
스킨디나비아 미식가들을 위한 원스톱 가게

스칸디움Skandium
: skandium.com
스칸디나비아식 홈 인테리어 관련 소품을 파는 온라인
상점

서스테이너블 푸드 트러스트
Sustainable Food Trust
: sustainablefoodtrust.org
지속 가능한 먹거리와 농업 시스템을 후원하는 단체

스웨덴 환경보호청
Swedish Environmental Protection Agency
: swedishepa.se
스웨덴과 해외에서 자연을 산책할 권리와 환경에 관한
정보

세계자연기금
World Wildlife Fund for Nature
: wwf.org.uk
세계자연보호에 앞장서는 국제 비정부 기구

– 책과 잡지

<91 Magazine>
91magazine.co.uk

<Breathe Magazine>
justbreathemag.com

<Forest Folk Magazine>
아직 초창기인 이 잡지는 현재 크라우드펀딩 모금
중이다.

<Geoffrey and Grace>
일상생활에 창의적이면서도 진심 어린 접근을 하는
사랑스러운 블로그

《의미의 힘 : 삶의 중요한 순간을 빚어내다The
Power of Meaning : Crafting a Life that Matters》
에밀리 에스파니 스미스 Emily Esfhani Smith

《시간에 대한 열 가지 생각Ten Thoughts about
Time》(UK) / 《Unwinding the Clock》(US)
보딜 옌손 Bodil Jönsson

《의지 : 자기절제가 성공의 비결인
이유Willpower : Why Self-Control is the Secret
to Success》(국내 출간 제목 《의지력의 재발견 :
자기절제와 인내심을 키우는 가장 확실한 방법》)
로이 F. 바우마이스터 Roy.F.Baumeister
존 티어니 John Tierney

감사의 글

늘 헤드폰을 머리에 쓰고 컴퓨터만 두드리는 엄마를 참고 견뎌준 나의 사랑스러운 아이들 알바르와 클라라 그리고 남편 올리버에게 무척 고맙다는 말을 전한다. 내 인생의 전부인 너희들과 당신이 없었다면 이 일을 마치지 못했을 거야. 사랑해 언제까지나.

라곰에 대한 생각을 전해주고 라곰 레시피에 다양한 제안을 해준, 스웨덴에 있는 나의 근사한 가족과 친구들에게 감사의 말씀을 전한다. 좋은 말과 도움을 아끼지 않고 스칸디나비아 소품까지 빌려주면서 나에게 힘을 실어준 리즈, 아냐, 에리카, 시오반에게도 감사를 전한다. 나에게 즐거운 하루를 만들어주면서 이곳 런던에 있는 내 작은 집에 라곰 세트를 설치하는 데 도움을 준 내 친구 안과 안의 사랑스러운 아들 막스 그리고 안의 어머니 운니에게도 감사함을 전한다.

치코 북스CICO Books에 감사의 말씀을 전한다. 나에게 기회를 준 신디, 제안을 해준 피트, 열심히 노력해주고 내가 어떤 질문을 해도 끝없이 참아준 카멜과 샐리에게. 아틈나운 사진 작입을 해준 개빈 킹컴과 근사한 스타일링을 해준 넬 헤인즈에게, 음식 사진 촬영을 해준 스티븐 콘로이, 토니아 셔틀워스, 타마라 보스에게, 디자인을 해준 루이즈 레플러에게, 그리고 편집을 해준 마리온 폴과 질리언 해슬램에게.

오늘도, 라곰 라이프

초판 1쇄 인쇄 2018년 2월 13일
초판 1쇄 발행 2018년 2월 23일

지은이 | 엘리자베스 칼손
옮긴이 | 문신원
펴낸이 | 이상훈
편집인 | 김수영
기획편집 | 오혜영 김남희 이미아
마케팅 | 조재성 천용호 박신영 곽은선 노유리
경영지원 | 이해돈 정혜진 장혜정 이송이

펴낸 곳 | 한겨레출판(주) www.hanibook.co.kr
등록 | 2006년 1월 4일 제313-2006-00003호
주소 | 서울시 마포구 효창목길 6(공덕동) 한겨레신문사 4층
전화 | 02) 6383-1602~3 **팩스** | 02) 6383-1610
대표메일 | happylife@hanibook.co.kr

ISBN 979-11-6040-127-1 13590